李沁云 著

心的表达

上海文艺出版社

谨以此书献给——

王柔然和王契丹：
感谢你们在茫茫众生里选择了我
成为你们的母亲；

所有与这本书相遇的读者们，
你们心中的父母，
以及你们内心的孩子。

目 录

辑一　学徒期的被治疗体验

当沟通成为可能　　003
关系：那些难以言说的，以及其他　　022
必须凝视深渊　　030

辑二　新手心理咨询师笔记

宜慢：临床工作中，慢比快好　　041
言说：话语和话语之外的　　048
帮助：助人绝非易事　　055
心声："妈妈，我真的爱你"　　064
学习：每天都有崭新经验　　071
联结："人"的意思，是人与人的联结　　081

辑三 作为心理咨询师的修行

布施：咨询师职业意味着自爱和爱人 093
持戒：面对诱惑，恪守伦理 102
忍辱：接纳来访者的投射 110
精进：体会来访者的感受 121
禅定：临床工作里的"禅坐"与观照 132
智慧：仅有慈悲是不够的 142

辑四 精神分析候选人手记

精神分析有时就像痴人说梦 153
"没你不行，有了你怎么才能行" 160
"你为什么只是坐在那儿，一句话也不说？" 171
从精神分析看"一切唯心造" 183
精神分析候选人的第一课："培养"病人 196
A Wish to Live, a Wish to Die 208
幻影重重的世界里，那个孩子仍在无声地呼喊 218
精神分析中的躺椅：
是不平等的设置还是爱的体现？ 228
我们来说说爱吧，这让人向往又害怕的东西 241

精神分析中的自由联想：

没话可谈？不，你还有很多东西从未告诉我　　254

请把梦讲给我听，请允许我读你的心　　267

精神分析的费用设置：

分析师也需要被病人照顾，这是真的！　　281

探索人类的心灵这件事，永远也不会过时　　293

神啊，请多给我一点时间！　　306

一起写一部成长小说　　319

精神分析：一份可能的职业　　333

辑一 学徒期的被治疗体验

当沟通成为可能

从 2011 年夏天第一次走进一位华人女咨询师的办公室算起，这几年我断续经历了三位心理治疗师[1]。我想在本文中谈谈我的体验，也许可以为对精神分析及广义的心理咨询感兴趣或有疑问的读者提供一些参考。

做一次长程精神分析近几年一直是我的一个愿望，因为我想先感受一下它是怎么回事，然后决定今后自己是不是要成为一个精神分析师，毕竟精神分析是我在国内念大学时最先了解到的一个心理治疗流派。但我总觉得自己心态不错，好像没有什么跟人谈话的需求，平时的家庭生活和精神生活又已让我很忙，于是就拖着了。可是重新回到心理学领域后，临床课的教授在课堂上建议我们最好要有

---

[1] 与我们国内的法规不同，在美国并不严格区分心理咨询师（mental health counselor）和心理治疗师（psychotherapist），二者均可以指以谈话方式为他人提供心理服务的专业工作者，均有诊断权。由于 psychotherapist 的叫法在我在美国学习和工作的语境里更为常用，"心理治疗师"一词在本书中会经常出现，并且它和"心理咨询师"是作为含义相同、可互换的名词出现的，望读者理解。

自己的治疗师，开始得越早越好。所以去年春天我在网上做了些功课后，就在离家不远的地方找到了一位精神分析师。

说起来，我的第一位咨询师是我在纽约工作期间因产后抑郁的症状严重，我自己从保险公司网站上随意找的。她满足我的两个条件：华人背景、女性。第二位则是我怀二胎后期，情绪出现波动，我怕生产后会重蹈覆辙，提前叫产科医生帮忙转介的。第一位咨询师是心理动力学[1]取向并且在纽约某机构接受精神分析培训，我跟她进行了整整两年的谈话。其实第二年就有点不想见她了，但是一方面不知道还能不能在当地找到更适合我的治疗师，另一方面也觉得暂时有这么个专业人士可以谈谈也挺好，就直至2013年跨州搬家到马萨诸塞州（中文里经常简称为"麻省"）后才终于断掉了咨访关系。第二位是认知行为疗法[2]（Cognitive-Behavioral Therapy，简称CBT）的治疗师，我总共只见了六七次，因为我与她对话三四回就明白了，像

---

[1] 心理动力学（psychodynamics）与精神分析一样关注人的潜意识动机与冲突，它脱胎于弗洛伊德有关心理动力的理论，但该疗法在会谈频率和深度上均低于后者。
[2] 认知行为疗法围绕以认知-行为-情绪三者构成的"认知三角"来工作，主要通过改变不符合现实的扭曲认知及相关行为来调整情绪。该疗法由美国精神科医生亚伦·贝克（Aaron Beck）于二十世纪六十年代开创，并已逐渐成为美国心理治疗领域里的主要疗法。

老师给学生教学一样的 CBT 根本不适合我，等到生完胖丹发现自己居然状态好得不得了，马上就在产后第一次面谈时告诉她，我们不需要再见面了。

有了前面的经验，我在找第三位治疗师时起初便有了不少预设条件。首先我希望能找到华人，其次我还希望她是女性，然后她即便不能做精神分析（精神分析训练耗时费钱，只有极少数临床心理工作者会选择这条道路），最好也是心理动力学方向的。虽然我的英语听说已算是母语水平，但我总认为最深层的交流只能使用真正意义上的母语。不少内心感受，即便在中文里我都难以找到合适的语词来形容，何况使用第二语言呢？另外，我觉得为人妻母占我人生经验的很大比重，我需要一个有过切身体会的女咨询师而不是男人来倾听我。满足这些条件当然很不容易，波士顿地区的华人女治疗师有那么几位，但只有一位做心理动力取向的个人治疗，而且她只在城里上班，我不可能花两三倍于咨询本身的时间在赶路上面。我就想，干脆不管这些条件了，就找一个有精神分析资质的人来听我说话吧！

现在我每周见面的这位分析师——叫他 Dr. K 吧——已经从业十几年，并持有临床精神分析的博士学位。他不但在我家附近的镇上有办公室，还恰好接受我的医疗保险。由于 Dr. K 是个异族男性，我实际上是硬着头皮给他在电话上留了个言，问能不能预约面谈。他回电话过来的时候，我听到他的声音，霎时就觉得这次的咨访关系应该能比较融洽——心理治疗师有一把亲切的嗓音真的很重要。更重要的是，他根本没问我是因有什么问题而找到他，和前两位治疗师非常不同。我想这似乎是个好兆头，说明他对自己的工作能力相当有信心。

后来，我和 Dr. K 之间咨访关系的发展确实验证了他留给我的第一印象。我自己也逐渐发现，以前的那些预设条件只不过是浮云。尽管语言是沟通的基本介质，事实上当咨访关系产生，咨询师与来访者碰面的时候，发生沟通的远不止语言。尤其是在精神分析的环境设置下，患者躺进长沙发里，分析师则坐在靠近来访者头部一侧的另一把椅子上。访客完全暴露在分析师的目光之下，任何一个小动作都不会被错过，而分析师对来访者而言只呈现为一个声音而已。这种设置本身已经决定了咨访过程中不对等的权力关系，把寻求帮助的来访者放在一个内心和外部皆脆弱的位置。在这样的环境条件下，分析师很可能已经开始分析咨客于无意中暴露的东西了，而后者还懵然无知呢。此外，人与人的沟通和理解也并不会完全建立在性别经验的基础上。在我目前已有的体验上总结的话，我会说，决定沟通质量的，是在场双方敞开内心的程度，而不是性别、年龄、种族、语言或任何其他的东西。

是的，即便分析师是这个权力关系里地位稍高的那一方，且优秀的分析师必须有分寸地控制自己的表达内容跟表达程度，他们也必须向来访者敞开内心，允许自己的感受和情绪流动起来。当然，在多数时候，只有分析师自己知道这一点，但如果治疗是成功的，访客早晚会觉察到分析师对自己的深层共情。我的这一观察符合美国当代存在主义心理治疗大师欧文·亚隆所说：在心理咨询中，真正具有治疗效果的，恰恰是咨访关系本身。后来我也就明白了，为什么在招募来访者的自我简介中，精神分析师大都会在"提供的治疗模式"一栏选上"关系取向"这一项。上学期的临床课上 M 教授说，精神分析师与来访者的关系多数情况下就像父母和子女，当他们为来访者创造出血缘父母没能提供的情感抱持，使对方在早年经验中被压抑于潜意识[1]层面的愤怒、恐惧、悲哀等情绪得到释放，疗愈才有可能发生。我那时提问道："这么说的话，精神分析师是不是需要比其他取向的治疗师有更强大的内心？因为当病人[2]在咨访关系结束时像孩子成年后离开父母那样离开分

---

[1] 为顺应中文语境且避免误解，本书在谈论英文精神分析概念当中的 unconscious（直译是"无意识"）时，均采用"潜意识"这一已约定俗成的说法。
[2] 在美国的临床心理界，目前只有精神分析领域仍然把来访者称为"病人"（patient），而其他流派的心理咨询师往往会以"客户"（client）一词指代来访者。一个说法是，这是由于从精神分析的角度看，访客必须得有耐心（be patient）。本书中，"病人""患者""访客""咨客"等名词均指中文语境里的"来访者"，与后者交替使用。

析师，对分析师本人岂不造成很大的创伤？"M教授给了我肯定的回答。最近跟一好友联系，之前学过一点精神分析的她，把精神分析比喻为"心灵深层的肉搏"。我觉得虽然不是所有的精神分析个案都一定能达到这个层次，但它形容出来的那种咨访双方的深入参与度和受到创伤的可能性，是比较准确的。这是因为在精神分析中，分析师为来访者提供了自己的心理、情感和专业资源，用以滋养对方的心灵成长。坦白地讲，这件事的危险系数真的很大。

精神分析发展到今天，早已经枝繁叶茂、四散开花，在美国也已涌现了与经典精神分析多有差别的当代分析流派。经典的精神分析学派一般要求面谈频率达到每周四次或更多，从前也曾强调学习者要有医学背景。这些年由于精神分析遭遇了变得越来越小众的危机——被量化研究者、医院和保险公司等利益相关部门认为不能快速产生"实证效果"——它便也包容进了背景更丰富的从业者，目前主要以精神科医生、心理学家、临床社工、注册咨询师等有心理卫生训练背景的人为代表。当代精神分析的学说更为多元化，不再只关注"神经症"[1]而把治疗范围扩展到DSM（美国的《精神障碍诊断与统计手册》，已出至第五版）涵盖的几乎所有领域。近年来美国的精神分析培训

---

[1] 神经症（neurosis）：沿用至今的精神分析诊断术语，一般指由潜意识冲突所引发的身心障碍。

机构纷纷开始接纳不具有临床心理学科基础的人访学或旁听，对来自历史、美术史、演艺圈、文学界等诸多不同专业背景的人都敞开了大门。也有一些精神分析实践者把面谈频率变得灵活，认为谈话的频率本身并不能决定所做的治疗是否为精神分析，关键还是要看治疗过程中有没有采用精神分析的理论。

有一次跟 M 教授聊天，我说我觉得精神分析大概是最深入、深刻的一种心理治疗模式。他说对，然后告诉我，他自己是在前几年才有机会接受完整的精神分析，花了两年半，每周面谈四次，分析师是一位比他年轻的女性。在那种强度下，他潜意识中的防御[1]系统只能丢盔卸甲，不得不在精神层面"赤身"与分析师坦诚相见。Dr. K 属于不要求高频率会谈的一个当代流派，所以我可以每周只见他一次。据他后来向我提到的，他所受的精神分析训练不再仅仅聚焦于心灵的原始驱力，而亦开始关注个体的创造力和主观经验，并且在理解移情[2]现象时，加入了对前俄狄浦斯期[3]经验的考虑。

---

[1] 防御（defence）：个体为了维持自我的平衡与稳定所采取的心理机制。比如，精神分析理论认为，癔症患者的主要防御方式是压抑。
[2] 移情（transference）：患者把对过去生命中重要客体（情感倾注对象，如父母）的感受倾注在分析师身上的一种临床现象。
[3] 前俄狄浦斯期（pre-oedipal stage）：精神分析所划分的心理发展阶段的早期，多指 3 岁以前。

我跟 Dr. K 的第一次见面属于初步的了解，那也是唯一一次二人面对面坐着说话。从第二次起，他就让我躺在了沙发上。躺椅式咨询是精神分析特有的方式。它不但以一种隐性的手段规定了治疗师和来访者之间的不对等，从而对二者的关系进行一定程度的约束，也是一个帮助来访者身心放松和促进自由联想的方法。对我本人来说，首先由于我是个很难放松下来的人，所以头几次，我觉得躺在一个陌生人的办公室里是件奇怪的事情。后来虽然好些了，但有时身体还是会不自觉地变得僵硬。其实这是一种"自觉的不自觉"，就是说每当我不能全神贯注地交谈，转而意识到自己的身体时，它才会变得僵硬。这一定程度上或许干扰了我的自由联想[1]。其次，躺椅式治疗大概推迟了我这次精神分析体验当中移情反应的发生。丈夫曾经警告我："不要长时间凝视异性的眼睛，你会爱上他的。"不过他不说我也早就知道这一点，身为一个写作者，这点来源于生活的敏感性，我肯定有。试想，如果你凝视双眼的对象还是一个能站在你的角度思考，为你的心灵健康着想，支持你变得更强大的异性，不产生好感是很难的。但这种好感的虚幻性也一望可知，尤其我还算半个专业人士。假

---

[1] 自由联想（free association）：精神分析的基本工作方法之一，分析师会帮助来访者尽量不受内外因素干扰地说出心中现有的一个接一个的想法及感受，实现自由联想。

如我在今后的分析过程中发生这种性质的移情，我会跟 Dr. K 提出来讨论，因为移情一般是早期生命经验的再现，把握得好，可以推动来访者的康复。

我自己接受分析的过程虽然远未结束，正面移情可能刚刚开始产生（我最近开始把 Dr. K 当一个老师看待；这几年我逐渐意识到，自己一直在生活中留意我能从其身上学习的对象，交往的朋友多数都比我年龄大），退行[1]之类的还没出现，防御机制也没完全浮出水面，但已发生的部分也算蛮精彩了。在咨访关系的初期，Dr. K 最让我欣赏的地方是他对我所说的事物做解读的能力。前面提到我不喜欢 CBT 疗法，原因之一就是 CBT 的治疗师既不关注现象产生的原因，也无力提供有效的解读。而我的第一位治疗师，那位心理动力学导向的台湾人，她对我讲的事情虽有解读，但却太少太少。记得我都见她快一年了，她才指出我对父母的感受中包含着愤怒，而且之后就没下文了，当时我还挺期待她能继续多说点的。我其实是个很喜欢表达的人，可是这位治疗师一味地让我说话，那时我在纽约大学每天教两到三节 75 分钟的中文课，每周再有一天到她办公室讲话一小时，真是累得不行。

---

[1] 退行（regression）：精神分析术语，指个体在面临心灵痛苦时退回到更早的心理发展阶段，重新使用过去的防御机制（如从成年模式退行至青春期甚至幼童期），以此来回避现实、缓解焦虑。

在第三次面谈中，Dr. K 就显示了他强大的阐释[1]能力。为了帮助自己的心灵成长和专业学习，我在每一次见面后都做了记录。现在翻到第三次笔录这页，我看到自己写了因为当时面临论文截止期和考试，所以不想谈及小时候的事，以免自己陷入灰暗情绪。为了不多占脑容量，我只说了说我的写作情况。Dr. K 自然完全不懂中文，我就给他用英文描绘了下大意，主要涉及我在 2012 年初的散文诗《现实两种》里描绘的自我形象，我有段时间反复做的梦，还有我的一个未完成的三部曲作品。下面几段摘自我的记录：

>……主要谈了我在《现实两种》里描绘的自我形象。Dr. K 认为"眼睛是空的"这一点说明我缺乏沟通渠道和情绪疏导的方式，因为空洞的眼睛其实意味着没有交流的对象，以及自身的世界没有在他者那里得到"反映"。我觉得这一点他触到了，就说明我们的谈话有价值了。并且他说这种"白日梦"或幻想跟睡眠中的梦在功能上是相似的。
>
>后来谈了另外几个梦：暗夜空屋梦、肢解尸体

---

[1] 精神分析中的阐释（interpretation）指分析师向咨客传递他们对谈话内容的深化理解，这些内容一般都与来访者的主要议题或重大心灵冲突有关，并经常被来访者本人所忽视或压抑在潜意识中。

梦，等等。但我谈不出太多细节，所以咨询师也没给出什么分析。还有和尚私生子的梦，从这个梦又引出我的小说《碧海》。Dr. K认为《现实两种》里空洞的眼睛与伽罗的绿眼之间有象征性的联系。又谈及以前的小说《青阳》，他指出我虽然经常叙写死亡，但作品中始终蕴含着对光明和对生命的追求。

最后说到只产生了题目而我尚无内容可写的"传奇·颜色"三部曲之三：《蓝桥》。Dr. K说这个标题也是一个正面的意象，因为桥象征着沟通。

这样的交谈让我觉得"有劲"，我原来想象中的精神分析就是这样的。而这种"有劲"的感觉在我以前的两次咨访关系中没有发生过。Dr. K使我感到，分析师不仅应从日常事务中帮来访者发掘出潜意识在诉说着的"内涵"，也应在面对其他话题时毫不怯场，具有同样强大的分析能力，而这显然对治疗师本人的文化修养是有要求的。半年后我又花了一次会面的全部时间，跟Dr. K谈论英语文学。虽然我提到的迈克尔·翁达杰、理查德·耶茨等作家的作品他从未听闻过，他却似乎能对我的阅读感受产生共鸣。据他说——这也是他极少次谈到自己的一回——他的"生命之书"（在这里他借用了我的说法）是约翰·斯坦贝克的《伊甸之东》。我从没读过斯坦贝克的作品，但知道这是一位重量级的二十世纪美国严肃作家。这至少说明 Dr. K 具有一些文艺素养。

可能需要说明一下，我上面拿出来举例的两次面谈，并不是想要试探 Dr. K 的水平。在精神分析中，对可讨论的话题没有任何限制。我和 Dr. K 的谈话，头几次主要集中在童年经验，后来谈得比较多的是我对写作的焦虑，对女性社会角色的不堪重负，对社工学院课程的不满，还有对自己在实习单位所接触个案的一些困惑。

在第 17 次见面时，我问了一个问题：既然你说创伤并非 event-specific（意即不同的人经历了同样的事，不是都会造成创伤），那么你是如何判断我的成长创伤程度比较严重的呢？Dr. K 说，他判断我成长创伤的依据，是我在谈话中体现出的我与世界的关系以及我与自我的关系。这次面谈的记录我没有及时做，是四周之后补的，对他说的更具体的话已经想不起来了。但令我印象深刻的是，Dr. K 在回答这个问题时，语速突然放慢，声音也变得更加柔和，好像他自己也陷入了一种深刻的回忆——仿佛是在回忆自己的相似经历，尽管我无法确定，因为我完全不了解这个人。实际上，有没有过相似的经历根本不重要；共情是源自人性深处的一种能力，对治疗师来说，对经历各异的来访者产生共情，算是基本素养。可是在现实的心理咨询情境中，真实的共情仍然稀有、可贵。上学期我正在学跟来访者谈话的基本技巧，了解了可以用来显示"共情"的句式和语气，然而在听到Dr. K的这个回答时，我才一瞬间明白，再好的技巧也比不上真实的共情。那天在他的话中，我听到的是一个跟我无关的人，从内心深处发出的最真切的共鸣之音。真实的沟通，和自由一样，是这个世界上最值得追求的事物之一。对我而言，能让人体验到真正的沟通，可能是精神分析最大的魅力吧。

因为我在Dr. K的办公室里感受到了真实的沟通，后来谈话时的顾忌便越来越少。他不止一次鼓励我道："这世界上只有在一个地方你可以毫不考虑后果地说话，那就是这里。"我当然知道跟心理治疗师相处的理想状态是无话不说，但同时也珍视我和丈夫之间略为特殊的伴侣关系，所以我对Dr. K说过：肯定不是这样，我跟我丈夫是彼此最好的朋友，也是灵魂伴侣，我从来没有什么话不能对他讲的。事实自然是，我太理想化。有时我在家说的话，会被丈夫视作"疯癫"，他甚至会戏谑般地跟女儿说："看，妈妈又开始发疯了，咱们都躲远点儿。"而在精神分析师那里，他们不仅对来访者抱有持久的好奇心——这是这个职业对从业者个性的要求之一——从而不会以"疯癫"这样简化的结论来检视之，也必须有感知患者所处真实心理状态的能力，或随之起舞或与之沉落。在回忆时，我发现我得到的这类体验拥有感人的力量。当我躺在长沙发上，我没法看到 Dr. K 的眼睛，然而我能感觉到，他的目光仿佛穿过语言和时空的阻隔，落在我讲述的那些相当个人化的、身或心剧痛的时刻。生活是艰难的，沟通的不可能，更增加了生活的难度——这是我用我所有的生命学得，而后又不得不面对的残酷真相。除了《现实两种》，几年前我还写过另一首散文诗《秘密的告别》。这两篇文字的共同点是，它们都描绘了人与人之间无法沟通的痛楚。而当我内心感受最深处的痛苦能被他人看见并承认，我发现那个荒凉的地方终于能生起一点快乐。

从这个角度看，精神分析中的咨访关系是一种剥离了目光对视和肉体接触的亲密关系，并且还是程度很深的亲密关系。这种关系具备日常亲密关系的多数特质，如信任、接纳、理解，还有支持；而且由于排除了肉体性，它显得更为纯粹。与此同时，这个关系也是非自然的，它发生在一个意在促进移情和退行产生的人造的治疗环境中。从来访者打算跟一位精神分析师进行长程治疗的那天起，他 / 她已无意中开始信任对方，"决定"将要把对自己人生影响最大的早期人际关系投射在分析师身上，并把处置权无保留地交给对方（这个过程是在潜意识里发生的）。如果非要用一种现实中的关系来形容，我好像真的只能说，这无异于给自己找到一个新的父亲或母亲。因此或许也可以说，精神分析中的咨访关系带有一定的神圣性，分析师必得有能力在坚守职业界限的前提下，以共情和耐心来灌注访客的心灵成长。事实上，我每次离开 Dr. K 的办公室，常有一个词进入我脑海：prostitution（卖身）。用这个词没有任何不尊重的意思，因为我知道娼妓在古波斯是一个神圣的职业，卖身行为曾经是在神庙里发生的，用以给人们提供身心抚慰。来来往往的患者们全部躺在同一张沙发上接受服务，提供服务的却是同一人，这确实有些像 prostitution 的环境。不过在精神分析的语境下，我觉得，分析师"出卖"的是灵魂。以一己之力为不同的访客创造出他们各自所需要的抱持环境，这样的工作不涉及灵魂是不可能的。

我曾问过 Dr. K：你办公室的环境以及其中所产生的关系这么"人造""不自然"，你怎么能保证来访者一定会在这儿投影出早年的重要关系呢？他的回答是：这是规律，人们必然会以他们最熟悉的方式来应对在这里发生的一切。我又好奇道：那如果他们假装呢，难道不能伪造出一种他们在你办公室外没有的形态？他说，假装很难持久，而且伪装本身也是值得探究其动机的一种"症状"。

从以上的叙述中可以很清楚地看出，在我跟 Dr. K 的咨访关系中，我是一个发问者，是学生的角色；我把我的学习型人格也带进了咨询室。这跟我的专业、跟我本身喜欢思考和提问都有关。所以后来，我与 Dr. K 的对话经常涉及我的学业和我在实习单位——本地一家规模颇大的心理门诊中心——遇到的个案。重新回到心理学的专业领域时，我已是有了相当年龄和阅历的人，因此我常常觉得课业虽重，却缺乏智识上的挑战，实习导师人虽非常好，然而有时无法给我提供有效的指导。于是再自然不过地，我把 Dr. K 当成了一位可以向其请教的老师。在他那里，我截至目前学到的最重要的一课是如何在来访者试图跨越界限时，维持一个边界。

比如说，我接手过一个患者，具有比较强的攻击性，对我不太礼貌，态度甚至很对抗。他曾经问我在美国文化里显得特别粗鲁的问题：你为什么来美国？你打算什么时候回中国？他的问题令我很不舒服，我并不想回答他，但又不知该如何拒绝，于是只能虚虚实实地瞎扯几句，并直接告诉他：我觉得你的问题攻击性很强。当时我的实习导师就在一旁，可她并未加以干涉，就连第二天当我旧事重提想跟她讨论一下，以获得她的指点时，她仍选择站在病人一边，说这只是他的症状而已，叫我不要多想。至于我应该怎么做才能维护自己的心理感受并与来访者保持良好的咨访关系，她给不出答案。当我把问题抛给 Dr. K，他则说："来访者总会激起我们的种种感受，他们会让我们觉得自己蠢笨、无能、低劣……总之，各种各样的负面感受都有可能发生。在这种时刻，重要的是分清楚哪些感受是自己本来就有的，而哪些是被访客唤起的。这些被唤起的感觉，往往代表了病人的潜意识。因此在这样的情境下，应当想办法让对方更多地表达，弄清楚他们的动机，而避免直接回答他们的问题，尤其是当问题涉及治疗师的隐私时。" Dr. K 给了我一篇文章，说对我理解这个案例会有帮助。我后来读了，又去找他说："我明白了，这位患者并不是想要攻击我，我只是他易于使用的一个发泄攻击欲的工具；我的愤怒没有意义，因为他潜意识里就是想要让我讨厌他，烦他，赶他走，就像他母亲在他小时候对他所做的一样；他习惯于贬低别人，正是因为他曾经常常被人贬低；他的行为是一种'强迫性重复'[1]；所以我回答还是不回答他的攻击性问题，根本不重要。" Dr. K 说："没错。"

这真的是我在半年多来的实习生活中，学到的最有用的一课。在这里或许可以诘问，Dr. K 的解释太过精神分析化，为什么非要把问题扯上潜意识和早期人生经验呢？但这是对我个人来说，最易于理解和接受的一种解释，而且其中充满存在主义式的人本关怀。前面我提过，我进行

---

[1] 强迫性重复（repetition compulsion）：精神分析术语，最早由弗洛伊德在 1920 年出版的《超越快乐原则》一书中提出，指的是人们会无意识地重复给自己带来过创伤体验的情境或行为；弗氏认为，强迫性重复行为由死本能所驱动。

精神分析体验的目的之一，是帮助自己决定将来是否要学习这个治疗流派。近一年的时间过去，我现在对此已无疑问。

也许有读者想问：什么样的人适合接受精神分析呢？我简单说一下看法。精神分析的总体原则是"the past informs the present"（"过去预示了现在"，M 教授说的），如果想要被分析，那么一定得做好打开陈旧创伤的心理准备——对于一些被掩埋得太深的旧事，我们恐怕一开始都意识不到那是创伤。精神分析认为没有成长创伤的人并不存在，因此广义地讲，所有人都可以接受精神分析治疗。不过在我看来，要是暂无勇气揭开那些本已血色褪尽的疮疤，没有足够的承受力去面对防御机制如沙堡般迎风倒塌的那种痛苦，缺乏为了长久的光明而暂时继续受困于黑暗之中的忍耐力，先选择其他治疗模式或许更好。在美国，从事精神分析和接受精神分析的人都不太多。这是一个流行"短平快"的时代，不论医疗保险公司还是来访者，都希望疗程越短越好，而精神分析与我们的时代精神相悖。这可能也是为什么在我的印象中，精神分析的从业者比起其他取向的治疗师，会显得更像知识分子。

第一次与 Dr. K 见面时，我说：我希望了解自己的人格结构，我想知道自己是怎样一步步地变成了今天的样子。他告诉我：一般来说，当来访者有这样的诉求，这表明他们来对地方了。我觉得我的确进入了一个适合我的咨询室，躺进了一张具有抚慰性的沙发，并且把自己交托于一段建立在心与心的理解基础上的诊疗关系。

2017年2月4—6日及20—21日

关系：那些难以言说的，以及其他

进入新的一年以来，我跟 Dr. K 的谈话简直快变成了诉苦大会。由于面谈时间改在了晚上，我每次都是匆匆"伺候"孩子们吃完饭后再赶过去，然后把自己"扑通"摔进长沙发里，就开始讲我在实习工作中的不满和烦恼。Dr. K 每次都能耐心倾听并安慰，说反正马上就要毕业了，这一切都会成为过去。我也每次反复跟他讲："就算只剩一天就能毕业，那这一天也是我生命的一部分，我想要好好地按自己的方式度过。"这不但是我在目前的学业和实习重压之下所想，也是我一直以来尝试去做的。

其实不知不觉间，我早已将 Dr. K 当作专业方面的导师。过去两年要是没有他在我生活中定期提供深层次的交流和心灵"净化"，我会经历在无物之阵中的更多挣扎。除了人生、欲望、生死等这些我喜欢的主题，由于我本人也在学习临床治疗，我们的谈话便常常涉及临床心理工作。很多次，当我对自己面临的工作情境产生困惑，甚至对自己凭直觉感受做出的判断感到怀疑（因为其他人都与我意见不同），我总能在 Dr. K 这里听到认同、肯定，以及进一步的建议。这时候，我就像一个学生一般，期待老师的评语和经验之谈。比如当我说，我现在不按实习医院的要求枯燥地"讲 CBT 课"了，我在试着做真正的团体治疗，引导病人公开地谈论他们对治疗过程的阻抗，这时我会听到"太棒了，这是有意义的做法"，以及被提醒要去注意调节团体中的情绪唤起水平。甚至当我说，我决定对正上着的无聊的课只付出最少量的必要努力，Dr. K 亦能发出会心一笑且鼓励我一定要这么做。因为他明白我只想成为一个合格的咨询师，而不一定非要做最好的学生。

我们近期的面谈都在一些重复的话中打转，我的抱怨是重复的，Dr. K 的安慰也重复。但这周的谈话有了一点突破，并使我开始反思这段咨访关系中的"关系"。最近两个月，因实习单位的人事变动，我处于几乎没有督导的情况。而且之前有督导的时候，情形也没好到哪儿去，因为我的指定督导基本上只关心我掌握了多少认知行为疗法的干预手段，似乎一点也不想了解我的真实想法，也并不在乎我的个人成长。我自己也知道我的某些想法会被目为"危险"，所以早就领会到，有些话只能"倾倒"给对我来说亦师亦倾听者和对话者的分析师 Dr. K。很自然地，我们对我的处境达成了一致的看法。一方面，我不满于过去三年接受的临床教育，觉得学业中没有包括治疗师的个人体验（我接受精神分析是自发行为，不是学校要求）和自我照顾的内容，是一大缺陷。此外，实习经验令我意识到，一些咨询师实际上并不愿意谈论来自他们内心的真实感觉，尽管这个群体每天的工作就是跟来访者的感受打交道，咨询师本人的感受其实也是工作内容的一部分，在很多情境中，它还能成为对患者实施干预的工具。而这样的学科现状使我感到危险：这种情形不论对治疗师还是对来访者都不理想，有可能会给双方都造成伤害。

Dr. K 坦白地跟我沟通了他的看法。首先，他认为大量的临床工作者——有我前述学业标准的原因——都是"unanalyzed therapists"（未被分析过的治疗师）。我觉得他说的"未被分析过"作为一个问题，倒不是说治疗师们一定要去经历精神分析这种治疗模式，而是指坐在患者的位置去体验心理咨询的方方面面，例如关系（也包括权力关系）和界限的设置等等，同时这种体验也是解决从业者本人内心冲突的一个非常有必要的途径。缺乏这种经验的咨询师，很可能会无意识地在接诊过程中把属于自己本人的情绪或感受投射在来访者身上，而这于治疗无益。在我跟 Dr. K 的面谈中，也曾有几次，我意识到他把他自己对事物的感觉"强加"在了我身上。每次我向他指出，他都能很快地反应过来并向我承认。我比较认同他的说法：咨询师不可能不犯错，但是能否坦然面对，则是一门功课。大约因在 Dr. K 这里体验到的临床谈话氛围十分符合我的理想，导致我对自己的工作和学习环境也变得"挑剔"起来。在实践中我发现，当某些同学、咨询师谈论"反移情"[1]，他们说的更像是以自身历史和经验为基础而产生的对来访者的评判。也就是说，我觉得他们没有把身为普通人的自己和作为咨询师的职业身份区分开来。这的的确确是很有挑战性的一门功课，需要治疗师本人内心负载的东西较少才行。我的判断当然也很主观，不一定完全准确，因为这两种感受之间的差异有可能相当细微，需要从业者有敏锐的觉察力才能做到，我觉得我还远远不行。以前参加禅修时，法师经常说我们"心太粗"，根本很难觉察到自己的第一念是什么。从这个意义上讲，胜任力强的治疗师可能需要有一点禅修基础，用来帮助观察到自己面对访客（即"对境"）时的"念起"和"起处"。至少这是我对自己的期待。

其次，Dr. K 总结道，不是每个治疗师都对谈论自己的内心感受感到舒适，这已是行业内的普遍现象，也跟"未经分析"有关。或许是因经历了两年的精神分析式治疗，

---

[1] 反移情（counter-transference）：重要的精神分析概念，它主要指面对一个具体的来访者时，分析师内心会产生的感受。一般而言成年患者的人格相对固定，同一位患者会在不同的分析师身上造成相似的反移情体验。在当代精神分析理论中，反移情的概念外延已大大扩展。

我在情感表露上略为开放了一点，也或许我本来就是个喜欢沟通和表达的人，我对这一现状几乎无法忍受。在这样的前提下，才反复出现了本文开头描述的那一幕。

因为我对毕业之后能获得的督导质量较为悲观，故一直有个想法说将来自己付费请一位私人督导师。之前考虑过一段时间，但好像除了 Dr. K 以外，目前没有更好的人选。可是心理治疗领域很忌讳双重关系，所以我一直没有提。这周我终于把这个想法提了出来，心想反正也不可能，也就是说说而已，然而 Dr. K 的回答出乎我意料。他提出，如果我愿意换一位分析师，就可以聘请他为督导，这样的话，我们的关系还是只有一重，符合伦理守则，也是业界认可的做法。我从没想过能有这种可能性，因此当时很吃惊，也没有多想，只觉得不太愿意这样做。我直接说：那就先保留这个可能性好了。然后便跳跃到别的话题上去了。

但是这次面谈结束之后，我又忍不住要分析自己的感觉。其实我想要换一位分析师也有一阵子了，只是因为懒而没有着手这件事，反正这事儿也不急。我想换分析师倒不是因为对 Dr. K 有重大的不满，纯粹是因为我想找到一位女分析师，体验一下我对同性会产生怎样的正负移情。如果能实现这种安排，找到一位女分析师，而把 Dr. K 变成我工作上的督导，还会有别的好处。我们对话了两年，Dr. K 已了解我的背景、成长、喜恶、关切、身份认同、依恋模式等等许多虽然看不见摸不着，却无一日不影响着我的理性与情感的东西。在这种情况下倘若他能指导我的临床工作，肯定会对我帮助特别大。而且我也有不少问题想向 Dr. K 请教，但是受限于我们目前的咨访关系，他无法回答我。比方说，我特别想知道，Dr. K 是怎样克服障碍，能够承担来访者各种欲望的客体／对象这一角色——在我的实习工作中，这是个很大的难题。我曾问过他数次，他总是千篇一律地说：这都是多年训练的成果。而我想向他学习的，则是个人化的过程：作为一个具体的人，他经历了怎样的抗拒和挣扎。我猜当我成为被他指导的学生，他应会愿意分享这些经验。既然如此，在 Dr. K 提出这个建议的时候，我为什么没有立即接受呢？虽然并未明确地拒绝，可我不假思索表现出来的态度，是对这个提议没有太大兴趣的。

在思考中我意识到，我还没准备好去开始一段新的咨访关系。表面上看，我的理由是，我实在不想把我从小到大的经历再向另一个分析师复述一遍，说话太费气力了。可是我其实很清楚，尽管精神分析一定会关注人生早期，这个历程却不是非由我来直接叙述不可；因为通过对现状的描述与讨论，我过去的经验也自然会在与分析师的对话中徐徐展开。

我觉得更深层次的原因是对与一个陌生人建立亲密关系的恐惧。这也是人性当中普遍存在着的恐惧。在 Dr. K 与我的咨访关系当中，我已克服了最初的恐惧而与其建立起相对轻松、亲近的关系。有时当我太累而不想说话，或不知道该谈什么好，我便沉默。分析师亦会加入我的沉默，从不催促我必须得说点儿什么。在我看来，分享沉默是灵魂之间亲密关系的一个标志，我与 Dr. K 共同经历了漫长的努力，才达到了能够分享沉默的程度。我想起几个月前我曾提出，若某种我不想看到的情境出现了，我恐怕得暂时中止跟 Dr. K 的面谈。他一语道破我面临的问题的本质，问道：这个情境为何对你这么严重，以至于你愿意放弃自己的分析师？我当时的回答是：因为它太严重了，我愿意放弃一切来避免它的出现。是的，因为这个情境将意味着成长创伤的再现。

所以说，虽然我跟 Dr. K 之间已建立起了良性、可信任的关系，我还是可以为了一个尚不一定会发生的情境而"启动"自己的心理防御机制，并因此而毫不犹豫地甘愿放弃这样一个于我有百益而无一害的治疗关系。对于已经建立起来的良好关系尚且如此，何况新的关系呢？我潜意识当中的恐惧之心，实在太正常不过。

那么对我来说，对人们来说，人与人之间的关系到底是什么？我现在没有完整的答案。但我想用一个抒情化的表达来点出我在此时此地对这个问题的认识：它关于"你"，关于"我"，关于在"你"的眼睛里看到"我"，关于看到却难以被言说的一切。

2018 年 3 月 29—30 日

必须凝视深渊

最初把每一次个人体验[1]的过程都记录下来，是一个很偶然的决定。但是现在看着 A5 开本的笔记本里 170 余页有关过去两年间近百次面谈的文字，我有一种小小的自得之感：这个决定实在太正确了。我不是每一回面谈之后都能及时把过程写下来，由于忙碌、阻抗[2]等原因，有些记录是直到两三周以后才做的，但毕竟所有面谈都留下了文字记载。这些记录尽管粗精程度有别，绝对不是对我和 Dr. K 每一句话的复述，放在一起，却至少能形成一个大致印象。翻看起来，能够清晰地看出历次正负移情的产生与发展，退行的出现，阻抗的保持及解决等等对我理解自己和理解临床治疗过程非常有帮助的内容。

更有意思的是，虽然在此前的文章里我对 Dr. K 的评

---

[1] 在临床心理领域，从业者自己接受心理治疗这件事被称作"个人体验"，若接受的是精神分析治疗，便也可以称为"个人分析"。
[2] 阻抗（resistance）：精神分析术语，指患者身心里存在着的对治疗的抗拒性力量，它经常只存在于潜意识里。在当代的精神分析实践中，任何妨碍咨客进行自由联想和口头表达的因素都可能被看作是阻抗。

价始终很正面，而且他也是我愿意与之保持长期咨访关系的一位分析师，可是在我私下的记录里，对他的抱怨和负面评价却一点也不少。我既明白地写下了对 Dr. K 的赞赏和感激，也毫不含糊地记录了如下的感受：

> 我因为开学和实习而有很大压力，想找到一个办法平衡内心的焦虑。我当然知道不能寄望于分析师。但当我问 Dr. K 他在上学期间是否工作时，他又反过来问我为何要问（在回答了我的问题之后）。我还问了别的人会用什么办法来应对焦虑，他又问我为什么想知道。我已对这套把问题抛回来的做法厌倦至极，所以要求提前 15 分钟结束，借口说去公园接孩子。真是太无聊了，几乎对我毫无帮助。

还有这样的：

> 上周因为我发烧而取消了，剩余时间这个月只有两次面谈，都较为无趣。

甚至也有这样的：

> 今天也是讲了一会儿就没话了，但是躺那儿不动

又憋出一些话来，总算撑够了45分钟。

如果不是由于拥有这些经验和写下这些文字的是我本人，如果我是在别人那儿读到诸如此类的对同一个人相当两极化的评价与感受，我大概会笑骂一句："神经病啊！"但正因为真切地经历过、体会过，我知道这才是正常的，一点也不"神经病"。Dr. K曾告诉过我，我们对他人的感觉，不会一成不变，哪怕分析师什么都不说、不做，来访者对分析师的感受，也会一直处于变化当中。我与Dr. K的谈话过程证实了这一点。我想补充的是，由于分析师的办公室是一个微缩了的环境，患者的正面及负面感受，都会不可避免地被放大且突显出来，所以不论好感或恶感，也都会显得比在日常生活中更为强烈一些。

以前我曾经在很多地方提到，接受精神分析式的治疗，得有一定的心理准备，需要知道分析师不会让人马上就能觉得好起来。精神分析师都是很有耐心的人，我在Dr. K身上看到的是，他既不卖弄自己的学识，也从不过于急切地表达他对我的理解。现在我在工作中也是以Dr. K为榜样来要求自己的，即便一时仍很难做得到，我也经常提醒自己，在多数情况下都要延迟对病人的理解，避免以"哦""啊""我明白"或是点头等方式提供廉价的共情，因为廉价的共情真的很廉价，无法对来访者起到什么根本性的作用。这里其实对来访者也提出了一个要求：得有耐心。我说的耐心，既指时间上的，也包括情绪的耐受力。在心理咨询中，访客若想获得任何可感知的进步，一定得付出相当多的耐心和努力。但如果真的没有耐心，也有大量的短程疗法可以起到一些暂时的效果。实习的时候，我那位身为短期 CBT 专家的督导反复告诉我，绝对不能让病人怀着进我办公室时相同程度的痛苦离开，必须得提前打断他们滔滔不绝的倾诉（如果有的话），教给他们一些马上在生活中能用到的情绪改善方法。而我在 Dr. K 这里经验到的则是，他完全不介意让我一次又一次带着同样的烦恼离开，反正时间一到他就从沙发里起身，提醒我该告辞了。Dr. K 示范给我的，不但是咨访关系中的边界，也更是身处精神分析性心理治疗当中的人应具有的耐受力。

幸运的是，我恰好非常喜欢人际边界，也在第一次见到 Dr. K 之前就已暗暗下决心，一定要耐受这段分析性的咨访关系里将发生的一切，直到我实现对自己人格的深入理解和真实完善。所以，哪怕偶尔我也会产生不切实际的期待，希望能在 Dr. K 的办公室里像服下一颗"神奇药丸"般地马上就能实现我的个人成长目标——这当然永远不会发生——我依然坚持到了现在并将继续坚持下去。而我之所以说 Dr. K 也"示范"了耐受力给我看，是因为来访者的情绪会传递给分析师，如果他们具有真正的共情力，他们必然跟来访者一起"耐受"着一些类似的情绪。我曾经很直接地问过 Dr. K，当你听我讲述那些复杂且痛苦的感受之时，你在做什么？他当时的回答是：我亦处于这些情绪里。那是我获得过的，来自一个"亲密的陌生人"的最好共情。

上面讲到的我在治疗过程的不同阶段对 Dr. K 产生的两极化感觉，在真实经历着的时候，其实并不令人好受。与肉体的牢笼和精神的渊薮朝夕相处，并终将跨过深渊——我期许自己成为这样的人，这是我曾写下来用于鼓励自己的话。与 Dr. K 的治疗体验让我明白，在能够跨越深渊以前，我必须得先有勇气去注视它。然而，"深渊"的产生并非一朝一夕，想要跨过它，自然也不是一跃就能过去的，甚至连注视它都很艰难。我的一点观察是，不论在精神分析式的治疗还是在其他任何理论路径的心理咨询中，过去生命里的形象、经验、欲望、幻想都会被激发出来，而且往往是以碎片的形式。因为它们一直就是以碎片的形式在我们生命里存在的，大多数情况下被保存于潜意识当中，而从未被整合进我们的意识领域。换句话说，这些碎片从没真实地成为我们生命的一部分，尽管它们可能老早就存在着了。事实上这些破碎的经验、欲望和幻想，在日常生活中也会时常出现，只不过我们不会专门去注意它们，任其自生自灭罢了。可它们不会"灭"，如果不处理它们，它们只会卷土重来，并且久而久之，形成"症状"。

面对那些碎片是相当有挑战性的，因为它们带着棱角，稍不留神便会伤人。面对与其相关的情感则更为艰难。情绪是一种看不见也摸不着的东西，哪怕知道某些情绪会伤人伤己，它也令人防不胜防。正是因为与情感的巨流争斗实在太难太难，那些碎片才一直以破碎的形态存在着。但我越来越清楚地意识到，我必须直面它们，才能成为一个更完整的自己。我必然得让自己人格中的黑暗区域越来越小，才有可能做一位合格的治疗师，去接纳我的患者们的情绪与痛苦。想要达到这个目的，我得一直耐受我的个人分析带给我的所有复杂体验，其中便包括反复经验到对 Dr. K 的正面和负面感觉。

前几年上学的时候，关于"移情"概念，我学到过好几种不尽相同的定义。但我现在觉得，咨询室里的移情，是当那些很可能已被来访者遗忘的生命经验碎片被唤醒之后，来访者会"再次经验（relive）"到一些过去曾经存在过的，与那些破碎经验相联系的情绪体验。而此时，这些情绪的对象只能是作为病人的对话者的分析师或咨询师。这就是我目前理解的移情。所以，一旦人们走进一位临床心理工作者的会谈室，移情一定会发生，绝无例外。咨询室外也如此。Dr. K 曾告诉我，人们在儿童期之后的一切人际关系都是移情。我深以为然。

过去两年间，除了学业和实习的压力，我觉得，我在Dr. K这儿做的个人体验也特别有助于使我成为一个更坚韧的人。我在面对自己的患者时，常被唤起很多复杂的内心感受，其中有一些是特别强烈的哀伤、愤怒和恐惧。当我躺在Dr. K办公室里的长沙发上，却又被激起更多破碎的经验和幻想，带来更多难以形诸语言的感受。在一些时候，我感觉我被自己的情绪淹没，仿佛一个正在暗夜溺水的人，周身绝望。有时，我正需要交上一篇论文，却突然发生退行，不知不觉就把尘封多年的CD找出来，重新开始听哥特摇滚和另类音乐，仿佛回到了十几岁的时候，而完全不想打开电脑写作业。好在学业从来没有让我觉得难，每次都能顺利交上作业。但更重要的实际上是，在Dr. K的在场与帮助下，当我咬紧牙关告诉自己一定要注视并且重新去经验那些破碎的形象、往事与幻想，我发现这一切好像并没有我想象得那么难。

去年某一次面谈当中，我问过Dr. K：你到底做了什么，来帮助我经历内心的风暴？他说，除了和我一起经验那些情绪以及保持好他与我的边界，他什么都没做，因为一切本来都早已在那儿了。

的确是这样的，一切本来都早已在那儿了，只待我们鼓足勇气，然后去发现它们。我作为病人被治疗的历程，还远远没有结束。仍有很多生命经验中的碎片，在等待着我的凝望。在我有足够的勇气长久凝视自身内部深渊的那一天，我想，我会投给它的纵深处一个更深的凝望，然后，我便可以坚定地跨过去了。

2018 年 8 月 17 日

辑二　新手心理咨询师笔记

*本书涉及的所有案例均已改头换面,并抽去了可能透露来访者身份的细节。

宜慢：临床工作中，慢比快好

我觉得我是从转了行当，重新去做学生学习心理治疗的时候，才真正开始了解美国社会的。那之前我已在美国生活了十余年，但不论学习还是工作，尽管不停地搬家和奔波，却一直没有离开过大学。"象牙塔"这个词可能已不太适用于今天国内的大学环境，但特别适合我在美国待过的几所精英型学校。其实我从没有考虑过是否要"融入"美国人的生活，这好像根本不是一个问题，因为我一般关注自己的内心世界多于关注外面在发生什么，尤其是在这样一个异国。所以我的留洋生涯始终很自足、自洽，我曾非常满足于读书、教书和写作的日子。可是，虽然并无文化身份认同方面的焦虑，但当我踏出大学的领域，因学业和工作的关系而开始接触更广大的人群，我才发现，以前的我原来是生活在一个很小很小，甚至对许多人来说根本不存在的美国。之前的生活里，我被美国中上阶层的知识人士包围。我的同事里不乏名字在学术界如雷贯耳的教授和重要的华语作家，我的学生中曾有英国前首相的孙辈以及著名影星的子女。虽说收入远远不到中上层，可我的眼界被我周围的一小方天地遮蔽，以至于我对美国底层普通百姓的生活一无所知。而且后来我才知道，这个"底层"——美国人礼貌性地称之为劳动阶级（working class）——其实一直在扩大，和普通中产加在一起，早已是人口构成中的绝对多数。2008年美国大选前的一场场初选和最终电视辩论，我虽关注，然而感觉那些被辩论的问题，如全民医保、LGBT平权，都离我太远太远。我对我生活在其中的这个国家的了解，仅限于《纽约客》的报道和偶尔在CNN上看到的一鳞半爪，而且即使在电视上看到了，比如校园枪击案什么的，除了感到愤慨和悲哀，更多的实际上是隔膜。那个时候，我与我身边的世界，与我在超市里和地铁上每天可能会遇到的那些美国人，都是隔膜的，尽管面对面相遇时，我们彼此致以微笑。

重回心理学领域的最初，我的目标是帮助与我有类似教育或文化背景的人。我天然地觉得，跟有相似背景的人工作，我会很了解他们，也最能够实现帮助的效果。出于文化方面的考虑，我甚至想过，既然本地的亚洲移民这么多，我一定要多接收亚裔和华人患者，为有语言交流障碍的移民们造福。可是自打我2016年进入第一份实习工作开始，现实就在我措手不及的情况下，给我上了一课又一课。首先，两年多来，我连一个亚裔患者都没见过，就更别说华人了。虽然没实现最初的目标，但也有好处：我的英文水平突飞猛进。本来我的英语就不错，但是并没有完全达到母语水平，如果对方说话的信息量太大，我还是很需要费脑的。可是完成了第二年在医院的高强度实习后，我已可以在首诊过程中轻松地嘴上说着话，耳朵听着，脑里分析着，手还握笔在纸上记着患者给出的信息，同时，我还能注意着自己的坐姿和面部表情，使自己不时地对来访者传递理解和共情。并且我发现，我居然适应了各种各样的口音，这可是我之前十来年都没能做到的事。其次，我开始近距离地了解美国的政治经济生态，以及这个生态对最普通的人产生的影响。我服务的对象基本上都是美国的底层白人百姓，他们中的多数人要么艰难地靠工作糊着口，要么干脆就没工作。这个人群，即国内俗谓的"吃劳保"群体。几年前的我当然很难想象，现在我日常跟这一人群打交道。

讲到这里，涉及心理治疗行业内一个有些奇怪的现象。初入行的新手，似乎应从症状较轻的患者开始接手，循序渐进慢慢来，几年之后再治疗"沉疴"。但现实完全不是这样。反而是当治疗师资历深了，独立开业之后，才能拥有自由选择权，这时找上门来的也往往是日常功能无大碍的普通人群。可能需要解释一下，有稳定收入和较好医疗保险的人，可以直接选择任何他们想与之见面的医生或咨询师，只要对方接受自己的保险即可。也有一些高端人士，为了保护隐私，甚至会避开保险，自己向医生和治疗师支付高额的费用。这些人一般不需要社会服务机构的介入和转介，直接跟提供服务的一方打电话预约就是了。可是在美国，绝非人人都有这样的权利。在大型的社区诊所，多数就诊者都来自底层，因为这些人拿着福利保险，自己基本上不需要支付一分钱，是没有资格挑选由谁来给他们服务的。而拿到独立开业资质之前，临床工作者只能在诊所和机构里工作，因此新手咨询师接诊的人群多是偏下层的不占有什么资源的百姓。从前我教的学生，会告诉我"老师，我将来会从政"或"老师，我要成为这一代人里最好的电影导演"。而现在，我偶尔也会遇到很年轻的患者。一个上初中的小男孩儿最近刚刚一脸憧憬地对我说："我的理想是明年去附近的职业高中上学，学习伐树需要的技能，将来我要干这个，让我爸爸不需要再辛苦赚钱。"

这种环境下，我经常会遇到特别复杂的个案。在医院的时候我就发现，收治的病人身上一般至少有两个诊断标签，抑郁和焦虑，左手牵右手一样。然后再并发个酒精依赖、物质滥用什么的，有时候有些人还有人格障碍或创伤后应激障碍（简称PTSD）。当时我想，这里毕竟是医院，来点复杂的病情也属正常。可是当离开医院在一家诊所做起了门诊治疗师，我才意识到，我服务的这个人群所面对的来自精神疾患的威胁，真的不亚于洪水猛兽。抑郁和焦虑，我在心里默默地把这两种病症称为我们时代症候的"标配"，因为事实就是，每一个来到我面前的患者，都至少具有这两个问题。而且别说三四个诊断标签，连同时患有五六种病症的个案，我手头也有好几位。单位的病案管理系统里，每个病人最多只能列四种病症，多的列不下，就记在笔记里。有时还会碰到令我这种新手根本不懂如何入手的病例。上次我遇到一个同时患有发育迟缓、语言障碍和精神分裂的病人，除了能做出这些诊断，其余我完全不知该怎么办。好在诊所的氛围很良性，管事者听了我描述之后马上向我道歉，说事前不知情，接着就把患者调到一位专门接诊此类咨客的有多年经验的治疗师那里去了。我向自己的分析师诉苦，说经常有复杂极了的个案让我觉得我根本还没准备好就仓促上岗了。Dr. K 开导我说，没有任何一所学校的训练能使人觉得完全准备好了，唯有在来访者那里去经历，然后完善和提高自己。

Dr. K 说得很对。可是在我目前的阶段，我仍然希望可以尽我所能帮到每一位来到我面前的处于痛苦中的患者，我不愿由于我的无知和缺乏经验，而使他们本来已很艰难的处境被延长或恶化。他们当中的很多人，都被病症"淹没"。以前我根本无法想象，会有访客无法抑制地紧张到在我面前浑身颤抖，会无法接听电话，会一出门就遭受一次惊恐发作……他们一生中有很多时间都在被不同的机构接收和转介，他们的治疗被庞大医疗体系中难以避免的审批制与层级制所限制、延迟，他们中的一些人曾被没有经验或缺乏胜任力的治疗师伤害、误诊，使得他们很难对新的治疗师产生信任。而诸如"不知道下个月的房租在哪里"或"今晚的落脚处还没着落"这一类的对生计的焦虑，也使他们难以每周都准时出现在我的办公室里。我想，我对自己的最低要求，是不要成为于他们无益的"又一个"治疗师。

每天，我在办公室里倾听各种超乎我想象的创伤经验，以及现代人类有可能经历的种种苦恼与困境。我既惊讶于人这种造物的承受力和韧性，也为比大海更加深广的人的情绪和情感所打动。我为一个没有固定住处却带着三个小孩并且怀有身孕、坚强工作的单身母亲洒下泪水，然后在用于自己反思和学习的笔记里写下：我体会到的悲伤，也许反映了患者内心还没有完成的"哀悼"过程。我在周末加班加点，给为身体症状所苦的病人制作文件，转介至精神科医生，以便他们可以及时看病吃药。我为了手头那些复杂的案例而常常拿问题去"轰炸"诊所派给我的督导和我自己的分析师。我在面对每位患者时，尽量保持头脑清明和专注。以上是我能做的非常有限的一点努力。

这些当然远远不够。每当我开车飞驰在下班路上，我时常告诉自己，我在路上的"风驰电掣"并不是逃离。在路上飞奔，这是一个喻体。我只不过想快一点强大起来，好能为来到我面前的每一个人提供他们所需要的帮助。但心内的声音对我说，此时，我必须慢下来，才能好好充实和强大自己。我也必须慢下来，才能看见和领悟到在患者复杂、多样的病症下面埋藏着的更为深刻的痛苦。如果说在写这篇文章的时候，我领受到了什么，那便是人性的宽广、丰富与深邃，在声声召唤着我。

2018 年 8 月 10 日

言说：话语和话语之外的

心理治疗是一种用语言沟通的手段来促进心灵疗愈过程的治疗方式，它的工作机制决定了言语交流在其中的重要作用。在我本人接受个人体验之前，我对心理治疗的想象是，来访者滔滔不绝地向治疗师倾诉自己的困惑和烦恼，而与其面对面坐着的治疗师，则需要对访客诉说的内容加以点评，并在适当的时候用上具有疗效的干预手段，比如指出来访者的认知偏差，为对方提供能客观看待问题的角度和空间，等等。我自己作为病人的体验则为这一印象提供了佐证。从在纽约见我第一位心理动力学的咨询师起，我就总有好多话要说。我与我现在的两位分析师，每月的见面次数都加起来的话，大约一个月共有六到七次，这些面谈从没令我觉得漫长难熬。即使极其偶然地，会有语塞和不知道说什么的时刻，稍一停顿，下一个话题便也能自然涌现了。

可是当我坐在治疗师的位置开始工作以后，我才发现自己原来是个既有表达欲也懂得如何利用面谈时间的"理想来访者"。在我目前的工作环境里，类似于我本人这样能够在交流中触及问题，并且也不畏惧跟咨询师产生移情关系的患者，真可以用一只手就数得过来，而我现在有大约 50 位来访者（其中多数人因为保险限制，只能每两周咨询一次）。有相当数量来到我办公室里的病患，都让我觉得 45 分钟的谈话时间（诊所要求我和同事们提供每次 45 分钟的咨询）漫长得简直像四五个小时。一些人由于认知功能受到心理疾病的损害，或是受限于教育水平——我的病人里高中没毕业就辍学的有不少，或言说方式本身就体现了症状（比如带有精神病症状的患者），在咨询室中说的话显得漫无边际、缺乏条理和逻辑。这种情况我并不害怕，毕竟来访者说的话都是在为我提供"材料"，而经过了几年的专业训练之后，我已具有从事实材料中提炼情绪和找到冲突点的能力。

全职工作已近一年，我意识到仍有两类病人让我在面对的时候感到发怵。第一种来访者走简洁风，坐在那里看着我，我问一句他才回答一句，我不问，他就能一直不说话，情绪表现也较为平板。沉默自然亦是一种沟通方式，但它在跟来访者接触的头几次面谈中却不一定能产生什么意义，甚至会让对方质疑治疗师的能力。在摸清患者的人格特点，能安全地使用"沉默"这一干预手段之前，我一般都会想办法让来访者与我的交谈不要"冷场"。但面对这样眼巴巴看着我，等待我不断抛出问题的患者，我承受着很大的压力。因为他们的回答也往往很简单，无法提供事物的细节，而且也不能实现对话的自然流动。比如我问：你今天感觉怎么样？对方答：我挺焦虑的。我问：你的焦虑是关于什么呢？对方再答：我今天有一个工作面试，所以我焦虑。我又问：能否请你形容下你的焦虑，具体感受是什么样的？对方说：形容不出来，就是挺紧张的。在这种情况下，谈话的推进全靠我一个人绞尽脑汁。具体到这个关于面试的紧张感，我接下来会问：你的紧张跟什么有关？假如对方回答不出，我还会继续补充我的问题，把开放式问题变成给对方提供选项，比如：你是对将要见到一个从没见过的人感到紧张，还是由于要面对一个有权威的人而紧张呢？在整个过程中，我的大脑需要超高速运转，从头到尾不但要努力想出能使访客多产生一些"临床材料"的问题，还得体现出我对患者所述内容的真实兴趣，不让他们感觉像是被"讯问"。因此每回接待完这样的来访者，我总能明显感觉到自己的体力被耗去不少——整个过程对脑力也是相当大的消耗。

第二类让我犯怵的患者略有不同。他们一般在谈话刚开始的时候能倾诉上一段，随着所述内容的不同，他们的情绪亦会有相应的转换，会谈室内对话的推进也没有什么问题。然而我几乎每天都能在办公室里听到的一句话就是：这就是这段时间发生的所有事，我没有别的要说了。这句话其实非常具有症状意义：它说明患者只把心理治疗当成了来到我的办公室里"汇报"一下最近的生活。这句话隐含着的意思，是患者把我看作医疗系统里的一个"办事人员"，我对于他们，不过是庞大系统里的一个小小环节，他们并不期待或者说并不愿意跟我建立起有意义的人际关系。这样的来访者很可能只求在美国繁复的医疗系统中取己所需，更有一些人，是在福利机构和法制机关（如法庭、假释办公室）要求下才不得不来的，并非完全自愿。因此，这一类的来访者失约率很高，经常不打电话跟我改约或取消就直接不来了。前文提到过，我的服务对象主要是低收入人群，他们拿着福利保险来做心理咨询，不用交一分钱，所以他们的失约对他们自己没有经济损失，有损失的是我。而每当他们在面谈还剩下一半甚至一半以上的时间时说出上面那句话，虽然我脸上不会表现出来，但作为一个新手，心里总不免涌上一丝紧张。偶尔也会有咨客把他们对我的冷漠表现得很彻底，直接就说要提前结束谈话。尽管至今我还没有失手过（是的，我每一次都有办法让他们留到最后一分钟，感谢我在 Dr. K 的躺椅上学到的一切），可我在这样的谈话中承受的压力和紧张也非常巨大，需要在两个面谈之间好好喘口气。使这样的病患"坐满"45 分钟不是为了我自己的任何利益，因为其实他们只要出现了,保险公司就得为之付钱,哪怕他们是十分或二十分钟后就离开。这样做,是我从 Dr. K 那里学得的职业操守,也是为了帮助来访者充分地利用面谈时间。

人们来到治疗师的办公室,身上总会有意无意地带着一些阻力,这里涉及的这两类来访者亦不例外。前者与他们的情绪"失联",缺乏以语言表述情绪的能力,后者虽常常能够表达情绪,却拒绝让治疗师真正接近他们的内心。这两类患者的共同点是,他们拒斥移情的发生(而移情,尤其正面移情,是促使治疗推进的重要因素),他们实现这个潜意识阻抗的方法,即是减少语言输出和使语言停留在语义层面而甚少进入情感层面。可是每当我成功地将这样的来访者留在 45 分钟的面谈里,他们和我的的确确一直在进行对话,那么在这些对话过程里,真实发生的到底是什么?我又能从中提炼出什么样的意义呢?

每天的工作都是学习如何聆听和观察访客的机会,我逐渐发现,这些带有很大阻力的来访者,他们的言说并不仅仅发生在他们说出的话语当中。比如一位患有社交恐惧症的年轻人,他属于上面提到的第一类患者,但他领悟力很强,也从不无故缺席。我后来慢慢意识到,他对与我目光对视的拒绝,其实是他对于咨访关系的亲密性的拒绝。当我从他口中得知他避免与除了家人以外的任何人对视,我更加确信他对人际关系——尤其是亲密关系——怀有恐惧。然而他次次面谈都准时到场，从没有迟到过，这便是他的欲望在说话了。我于是明白，他对亲密关系怀着既渴望又拒斥的态度；他的排斥发自恐惧，而恐惧则来自小时候被父亲遗弃所造成的创伤。又有一位女患者，一直抱怨说不知道自己的广场恐惧症从何而来。某次面谈中，她突然讲起小时候与父母的依恋缺失，我暗暗欣喜，觉得我们终于开始接近问题的核心。但接下来的面谈她临时取消了，又找了些别的理由，等我们最终又见面时，六个星期已经过去了。这一回，她带着自己的丈夫，并且要求我同意把她丈夫也留在咨询室里，解释说她这阵子出门时越发觉得紧张，必须有丈夫在场才行。其实她的行为是在告诉我，她与她丈夫之间有相对稳定的关系，她所做的这些事情——找理由取消面谈以及带着丈夫来见我——都在对我说：我已经有一个人可以依恋和依赖了，我不需要跟你产生依恋关系。虽然这一信息隐隐地带有朝向我的"对抗性"，我却为对她有了更深入的了解而感到高兴。而且很显然，这位患者把她在外部世界中的行为模式带到了我的办公室内，这是我可以逐渐理解她以及帮她发生改变的一个起点。

来访者的言说不仅仅发生在语言的领域，甚至对于一些带有强大阻抗的咨客，他们的言说很多时候都体现在别的方面，例如讲话的方式和语气，身体语言，与治疗师互动的模式，等等。这是我作为一个新手咨询师在工作的第一年，通过1300小时的耐心聆听和体验，从我的患者们身上学到的特别珍贵的一课。我倾向于认为，当病人处于症状和内心冲突的"重压"之下，他们可能会在语言层面被"剥夺"表达的能力，也可能会与内心的真实情感"失联"，这时他们便会寻求通过其他的象征符号来表达自己。在会谈室内发生的一切都可以被分析、解读，因为一切都是"临床材料"。这份工作因而给予我脑力劳动的挑战和乐趣。然而在治疗师的办公室内进行着的，不仅仅是交谈或符号的交谈，更是真实无比的人生，对来访者如此，对坐在治疗师位置的我亦如此，所以我自然要尽自己的努力，使我经历的每一次面谈都能呈现出意义。每当访客在我的帮助下能够开口诉说，每当一个又一个组成我人生印迹的45分钟被患者的倾诉填满，我在"聆听"语言和象征符号的言说之时，也感激于我和我的来访者们的相遇。

2019年5月3日

帮助：助人绝非易事

工作单位每周都有例会，由临床主任召集，内容一般是轮流讨论每位咨询师各自的案例，有时候也涉及治疗师的职业伦理和自我照顾等话题。跟在社工学院时一样，对于每一个能够学到东西的机会，我总是有很多问题和想法，不管是有关自己的个案还是有关同事们的案例。我这种参与的姿态其实是我"学习者"个性的一部分。我注意到有一两位女同事很喜欢我的发言，每次我提出什么，她们都给我空间让我能稍微深入地阐发一下自己的想法，甚而在会后跑到我的办公室告诉我，我的发言对她们有启发。但也有一部分人，常常在我讲话后发表对抗性很强的意见，以至于有时候令我感觉自己是在被"围攻"。

治疗取向的差异，造成了一些同事不能接受我的看法。在这个社区诊所目前的四十几位治疗师当中，好像只有我和我自己的督导从事心理动力学取向的工作，其他人大多提供认知行为疗法,也有做表达疗法[1]、辩证行为疗法[2]和艺术疗法[3]的。扪心自问,虽然我不喜欢认知疗法,但我偶尔也会在适当的情况下使用一些调整认知的方法,也有时会使用正念疗法[4]和叙事疗法[5]中的一些技巧,自认为对其他各种治疗取向的态度是比较开放的。然而我的某些同事们对动力学疗法毫不掩饰的厌恶和令人惊讶的不了解,让我十分吃惊。这篇文章我最初想写的题目拟作"精神分析的强大和衰落","强大"是我本人体会到的精神分析或广义上的动力学理论的有效性,而我的同事们——他们都是从事心理咨询的专业人士,拥有各种资格认证及从业资历——的态度或多或少地体现了这一临床流派在美国的式微。

---

[1] 表达疗法(expressive therapy):帮助患者通过美术、音乐、舞蹈等各种形式的自我表达来实现心灵疗愈。
[2] 辩证行为疗法(dialectical behavioral therapy,通常简称为DBT):由美国心理学家Martha Linehan创立的治疗方法,从认知行为疗法演化而来,并结合了佛学当中的辩证及正念思想;它主要用于治疗边缘型人格障碍(borderline personality disorder)。
[3] 艺术疗法(art therapy):利用艺术创作的材料,如画笔,进行表达性心理治疗的一疗法。
[4] 正念疗法(mindfulness-based therapy):可涵括在认知疗法类别下的一种当代心理疗法,它以禅宗的"心在当下"观念为基础,通过关注当下和调整认知来促进疗愈。
[5] 叙事疗法(narrative therapy):当代心理疗法,它帮助咨客构建其生活历程或主诉问题的故事线(即"叙事")并为之提供意义,强调患者本人的主体性。

我跟同事们最明显的分歧之一，是作为一个治疗师，如何对患者起到帮助作用。上个月的一次例会上，我请教其他同事，他们如何面对病人提出的关于治疗师隐私的问题。我说，因为我还是一个新手，所以有时面对诸如"你从哪儿来""你结婚了吗""你今年多大"这样私人化的问题，难免感到紧张，因为我不觉得回答这些问题能对来访者的病情起到任何帮助，而如果不答，则担心病人会不会感觉受到了拒斥。我没有想到，这个问题在同事间激起了很大的反应，以至于最后发展成了对我的"抨击"。一些人并不回应我的提问——我的问题本身是针对我的紧张感的——而是质问我为何不愿直接回答病人的发问。连临床主任都评论道："病人只是提了几个问题嘛，告诉他们你多大，结没结婚，有几个孩子，能有什么大不了的？"我争辩道："我想在跟来访者的关系中成为他们需要我成为的任何人，我得为患者保留一个使他们能在其中幻想的空间。"我的意思是，告诉他们我多大，来自哪里，是否已婚，会把我的身份"坐实"，而这种身份的落实对于病患的治疗可能是有害的。虽然我一望而知是个女人，也许有些病人需要把我感知成一个男人；尽管我来自异国，成长于异文化，并且是个佛教徒，我的一些访客（男女老少都有）却在移情关系中将我体认为他们的女儿、妻子、母亲、父亲，在潜意识中认为我知晓他们的文化，了解他们

帮助：助人绝非易事

的习俗，甚至信仰他们的宗教。当我跟一位来访者面对面坐着，我希望发生的是心与心的沟通，而不是让他们在意识领域清醒地觉得，他们是在和一个来自中国的三十多岁已婚女性进行谈话治疗。我更愿意做的，是与患者一起探索他们提出关于我的私人问题的动机，以帮助患者——当然也是帮助我，他们的咨询师——更多地了解他们自己。

但我的"自辩"显得非常苍白，多数同事都跟临床主任持有相同的看法。后来有位年长女同事以轻蔑的方式开始想象我是如何工作的。在她的描述中，我不喜欢人与人之间的联结，在病人面前冷酷无情。她使用了英文里指称心理医生时带有贬义色彩的 shrink 一词，甚至说："我有一个病人特别喜欢谈论政治，经常搞得我不知如何接话才好，我觉得这位访客挺适合你的。反正你可以光坐在那儿，一句话都不说。这个我可做不到。"那天开会时我的督导不在，后来她听我讲了当时的场景，针对这位治疗师说的话评论道："这个人是在辱骂你。"

所以说，我没有从那天的例会中得到什么帮助。关于我的紧张感，我跟我的第二位分析师 Dr. H 有所讨论，也只有在自己的个人分析当中去解决了。在那之后，又有一次例会，有同事不知怎么就提起自己不喜欢弗洛伊德的理论，说觉得一点用都没有，其他同事也纷纷加入。我坐在那里一言不发，跟多年前目睹一位马来西亚华文作家努力拒绝承认中国文学对她的影响时一样，产生了这样的感受：没有弗洛伊德（针对那位作家，我当时想的是鲁迅、老舍等早期白话作家），又怎么会有今天我们这些人的这份职业呢？精神分析的理论和概念，在过去一百多年的发展过程中，无数次被"注水"和"稀释"，被贴上层出不穷的各种标签，还衍生出五花八门的流派与方法。我并非要否认其他流派的原创性，但追本溯源，弗洛伊德在维也纳和布雷尔医生[1]一起创立的谈话疗法是一切心理治疗的源头。我其实很想"尖刻"地问问某些同事：你接受过分析吗？你有自己的治疗师吗？凭什么臆测这么多关于精神分析的负面的东西？据我在某次例会上了解到的，我现在的同事当中有自己治疗师的屈指可数。在我看来，这简直不可接受。

我自己从当病人的个人体验中受益很多，也在对来访者使用心理动力学方法的过程中看到了一些成效。关于咨询师应如何对患者起到帮助作用，我的看法是，我的工作不会让来访者在每一次离开我的办公室时都感到轻松、愉快，因为面对问题肯定是痛苦的，而如果不面对问题，则永远不会有改进。我认为，我的任务是分析来访者的处

---

[1] 约瑟夫·布雷尔（Josef Breuer，1842—1925），奥地利神经生理学家，在弗洛伊德职业生涯的早期，布雷尔曾与之一起钻研对癔症的治疗。他治疗过的安娜·欧个案出现在1895年出版的《癔病研究》(*Studies on Hysteria*)一书中，该书由布雷尔和弗洛伊德共同著作。

境，和他们一起去发现改变现状的可能性，并陪他们走过这段向内探索的生命，见证他们完成这段生命的意义。

这周我刚刚相当惊险地实现了对一位病人的帮助。之前我说过，由于工作面对的是不需付费的低收入人群，患者的出席率比较低。有一位访客在过去两个月里一直没出现，前后已经失约五六次，也就是说，浪费了我五六个小时的工作时间。她打电话来要求跟我见面，而我对这个个案已经有了一定情绪，很担心病人会继续不定期地失约，故而不知道怎么办好。我先问了 Dr. K。他告诉我，这种"妨碍治疗的阻抗"如果不解决的话，疗愈永远也不可能发生。Dr. K 建议我帮这个患者直面她的阻抗，把我被唤起的怒气告诉她，直接跟病人说，我认为她不尊重我的时间和工作。我担心这位情绪较为不稳定的来访者会因受不了这种剧烈的干预手段而愤怒地跑出我的办公室。Dr. K 说，放心，她不会的，这样的病人需要强烈的干预方式，当他们明白无故失约的做法会在他人身上唤起自己心里一直带着的愤怒，他们才会反省并改变。他又补充道："这样做，亦能帮你减轻你自己的 ego[1] 在咨客那里承受到的压力，对

---

[1] Ego：即"自我"。与我们日常使用的"自我"一词有所不同，虽然它的确指代人们自我意识当中的那个"我"，但 ego 作为精神分析术语源自弗洛伊德的心灵结构论。这一理论认为，人的心灵中存在着"本我"（id，位于潜意识范畴）、"自我"和"超我"（superego，由个体的道德法则所支配）三种成分。本书出现这些名词时，都以引号表明它们是精神分析里的概念。

你也有好处。"

我一直很信任 Dr. K，但由于我本人不喜欢对抗性的气氛，所以还是有点顾虑。第二天我又问了单位的督导。她听说我想要解决这个病人的阻抗，赶忙打断我，说："千万别在这个病人身上费劲了，你不应该比你的来访者工作得更努力。"督导又提醒我，跟不认真对待自己的治疗的访客工作，保持跟他们每个月见一次，使诊所不失去这样的客户就算是完成任务了，完全没必要较真儿。她说："你就跟她随便谈谈，每个月见一次就行了，写报告的时候你可以写上，这是支持性的疗法。"我觉得督导说得很有道理，确实，如果我工作得比来访者更努力，就违背了心理咨询的"合作"原则。可我又想到，假如我用不冷不热的态度对待这位病人，让她保持一个月只见一次的频率（在心理治疗中，面谈频率很重要，一个月才谈上一回基本不可能有什么疗效），实际上是在用行动把我反移情当中的愤怒表达出来，是在用行动告诉她：我不在乎你。而 Dr. K 教给我的办法，是用语言说出我的愤怒而以行动表达我对来访者的接纳。我考虑再三，承担着病人跑到主任那里去告状说我不尊重她的风险，最终还是决定冒险一试。

到了那天，我内心其实是很不平静的，然而脸上还要做出平淡和自然。当我说出那些话，果然，访客开始抽泣，埋怨我为什么要以对抗性的态度来对待她，指责我在她面前变得防卫了起来。我努力保持平静，回报以沉默。病人继续抱怨，说失约不过是她的习惯，不是故意的，并且每当她对她的家庭医生失约，医生都会打电话询问她的情况，令她觉得开心。她还说，她有时觉得自己就像一个婴儿。我问她，当医生给她打电话时，她是否感到像个得到了照料的婴儿。患者否认。我一下子明白，"否认"大约是她常用的防御方式。我脑内闪过自己读过的关于这种防御方式的资料，突然感到对她有了更深的了解。我想起Dr. K说，做阐释时要谨慎，因为诠释性的话语多多少少都难免于侵略性（因其来自患者的外部，来自一个他者），可能会令患者感觉受伤，但对带有强大的"妨碍治疗的阻抗"的这类病人，不妨给他们提供一些阐释，使他们受到震动。于是我大胆地给这个来访者提供了我对她失约行为的理解。我说："我现在的印象是，你似乎想通过习惯性的失约来唤起其他人对你的注意。当你失约后，医生给你打电话时，你感到了被关心。因此你失约的象征性含义，或许跟婴儿在得不到抚养人注意力时的哭嚎是类似的。"不出所料，我的阐释又被病人否认了。但是当她离开时，她显得轻松了一些，对我说："我现在才知道，原来你一直在帮助我。"那一刻，我的心终于放了下来，我知道我很可能对她实现了帮助，哪怕只是一点点。让患者今后稍微少失约几次，保持一定强度的心理治疗频率，就是目前我能为她做的。通过这次对我来说绝对可以用惊心动魄来形容的面谈，我了解了自己在工作中的情绪承受力，也更加懂得了这位病人的人格特点。我会继续以行动强调我的中立性，因为如果我也像她的家庭医生那样每次在她失约之后打电话给她"嘘寒问暖"，只会加剧她心理状态的退行，使她变得更像一个"婴儿"。而如果要帮她摆脱这种消极的行为模式，我必须得把她当作一个能为自己行为后果负责的成年人来对待。

在面对具体的每个来访者时，我提醒自己思考：他们在此时此刻需要的到底是什么？我觉得，不是每一位患者都能从一位有着温暖且不厌其烦的"知心姐姐"形象的治疗师那里获益。我希望自己有能力为所有访客都营造出适应他们需求的心理成长空间，并成为他们在疗愈过程中需要我成为的那个角色。写这篇文章的过程中，我想起两年多前，我连续两周取消面谈之后，Dr. K 给我发来的略含对抗性口吻的短信。直到今天我才完全看清楚它的含义。

2019 年 5 月 26 日

心声:"妈妈,我真的爱你"

四岁的胖丹这一阵子特别喜欢表达他对我的爱意,每天都对我说好多遍"妈妈,我爱你"。有时他紧紧地搂着我的头,把小嘴唇印在我耳朵上,还会加重语气,强调着说:"妈妈,我真是爱你呀!"再配合上他近半年来的一个新行为,就是当我在家换衣服的时候他经常跑来,一边忽闪着大眼睛瞧我,一边小手就伸过来摸我的腿,偶尔还问:"我能亲你的腿吗?"很明显,胖丹身上已经有了懵懂且童真的性欲,他大约已进入精神分析所划分的性心理发展阶段的俄狄浦斯期[1]了。

胖丹的俄狄浦斯期在两三年内就会过去,但他会带着这一儿童发展时期的烙印展开他的人生,就像我们每个人一样。而与此同时我们每个人携带着的,不仅是俄狄浦斯期的痕迹。在分秒进行并流逝的日常生活中,一切已经发

---

[1] 俄狄浦斯期(Oedipal stage):约为三岁至六七岁。(具有时代局限性的)经典精神分析理论认为,儿童在这一阶段克服对异性父母的爱欲性感情,发展出对同性父母的认同,并于该阶段结束时在人格结构中产生"超我"。

生过的，包括我们在生命源头的体验，都或隐或显地跟随着我们。一些观点较为激进的精神分析理论家甚至将母婴关系的质量对个体发展的影响前推至胎儿期。我信奉万事万物都无时不在变化着的无常观，所以对过分夸大早期养育者（父母都包括在内，但不论在传统的观念里还是在当代中国社会，婴幼儿的主要抚育人大多是母亲）在孩童心理发展过程中作用的各种观点持怀疑态度。一方面我觉得那些观点或多或少加重了女性的"母亲"功能性，往大了说是对妇女的一种压迫。比如强调婴儿不能做睡眠训练，母乳好上天，孩子哭了就要马上去抱的某些国内"育儿专家"的言论，殊不知有多少新妈妈的产后抑郁和焦虑症状在一定程度上就是因信了这些话而来的。另一方面，我相信人有自变化其气质的能力，每个人都有，这是人与动物的区别之一。我们无不是带着早期经验赋予我们的东西在度过每一天，可同样需要强调的一点是，我们还有迅猛吸收知识的青少年期以及大量接触他人和社会的成人期，而对于来到我会谈室内的老年人，他们还带着由年龄赋予的更多阅历和智慧。我们生而为人自备的这种改变气质的自我潜能，是心理治疗之所以能发挥作用的一个基础。

然而胖丹的"妈妈，我爱你"时常在我耳边响起，这句话不仅表达了他对我的真诚爱意，也让我听起来特别耳熟，使我想起一些与我有过生命交集的来访者们。这些人可能看起来各不相同，性别、肤色、年龄、性向、教育程度乃至社会经济背景都各有差异。他们的交谈风格也不雷同，但不论他们是倾向于滔滔不绝地诉说还是习惯了低头静坐一隅，我似乎总能听见他们在我面前说着同一句话："妈妈，我爱你。"这里"妈妈"也可以替换成"爸爸"，或二者皆有。当我得到这一信息时，那位"妈妈"或"爸爸"，那个在访客生命中最初亦最重要的客体，其实和交谈中的我与患者距离遥远，并不在场。而且事实上，从来没有咨客曾在我这里把这句话诉之于口，但一部分患者经验到的身心症状，如抑郁、焦虑、暴食、物质依赖甚至自残，却以隐喻的方式给了我重要的提示，使我发现了他们对父母的爱。

其中也有不尽相同的表现方式，但确实我尚未听到任何来访者以清晰的语言表达过自己对父母的爱。曾有二十出头的女孩儿，从小到大都没见过父亲几次，第一次来找我时说，觉得父亲在她生活中"神出鬼没"的这种状态影响了自己处理恋爱关系，想要解决这个问题。可是当我们真的去谈论她父亲时，她却又陷入沉默，一句话也说不出来。也有怒气冲冲来到我办公室的成年患者，一边拿着手机让我看母亲给她发的带有控制欲的短信，一边大声抱怨母女关系令她窒息，但当我以她自己的语言去概括她的困境，讲到"你刚才说要跟妈妈保持距离"时，她竟眼泪夺眶而出，呜咽道："我没法跟她保持距离，我不想伤害她。"还有与我父母同辈的老人，一时泪流满面地"控诉"小时候父母对自己的精神和身体虐待，一时又感叹起父亲的战争创伤和母系家族内部的"毒瘤"是如何在数个代际之间绵延传递的。

在这些时刻，我都会在与来访者们共处一室时听到胖丹的那句话，而且还是那句带着强调语气的话："妈妈（或爸爸），我真的爱你，我真是爱你呀！"这样的话，咨客们从没在我的办公室里说出来过，在纯真无邪的俄狄浦斯期之后，大约也没有真的对他们的父母说过。但我却听到得无比真切，不是以耳朵，而是用心灵。我听见的是一个真实的生命对他/她全心付与信赖和爱的另一人的呼唤，而我的病患们的种种身心症状则提示着这一真心信任和呼唤的被辜负（至少是在某种程度上被辜负了），让我的心感觉到被撕扯的疼痛。当类似的场景一再出现，我开始想，这种现象一定不是个例，它不可能只发生在我的办公室里，肯定也出现在我同事们那儿，它亦不可能只出现在会谈室内，有很大概率是先出现在生活中，然后再被人们带进咨询师的办公室。

为什么人们无法以语言表达出他们的真心话呢？我通过观察后看到，其实他们在意识层面基本上都不知道自己爱父母，尤其是那些嘴上常说"我讨厌我妈"或"我最恨我爸管我了"的来访者，或至少是不知道自己爱父母爱得有多深。上面提到，有访客说过自己"没法保持距离，因为不想伤害妈妈"，可是当他们在为个人独立而挣扎的过程中想要避免"伤害"自己的父母时（然而当一个人实现其个体化过程，真的会对父母造成"伤害"吗？它是怎么样的"伤害"？），他们就难免会伤害到自己。当小孩遭遇威权式、冷漠式或虐待式的父母，受到伤害的首先是毫无自我保护能力的孩子，当他们长大，一些人却又因"不想伤害妈妈"的意识（在很多人那儿这是个潜意识）而不断地伤害自己，体现为身心症状。如果"不想伤害妈妈"的潜意识存在，那么自我伤害的现象一定会出现。因为当人遭受伤害，无论它是肉体上还是情感上的，第一反应必定是愤怒，而子女对父母的爱往往会强大到一定程度，不允许这种愤怒得到体察。再进一步说，在前述不理想的养育环境里，父母也往往不可能允许这种愤怒得到表达。无法得到体察和表达的愤怒于是被压抑了，形成内心的冲突，而经过多年的发酵，也许可以说是并不令人意外地，冲突会导致症状的出现。若让我来概括，这个冲突便是爱与愤怒这两种互相矛盾的感受之间难以调和的状态。

你知道吗？虽然我不能以偏概全，但在我的咨客当中，不论焦虑、抑郁、自残、强迫、暴食、药物滥用还是人格障碍，这些症状的源头通常有一个无助且无法调和上述内心冲突的孩子。而你知道这些早已成年的"孩子们"

是如何带着这个沉重的矛盾展开他们的人生吗？他们可能走进咨询师的办公室去"倾倒"自己的不满，可能在一段美满的婚姻中得到治愈，也有可能虽然生活在冲突带来的痛苦当中却不知道痛苦所为何来。在1500多小时的一对一倾听之后我发现，我的许多来访者们在无意中做的似乎是，以一生的安宁与幸福为代价，在内心的冲突中挣扎，在所有的亲密关系中重复与自己父母的关系，以及在精神障碍诊断手册中列出的各种症状里逃避和希图缓解人世间这个最令人难以面对的冲突。

"妈妈，我爱你。我有时也恨你，但我只能爱你，因为你是妈妈。"孩子对父母的爱才是这个世界上最复杂、深刻的情感。这是随着个案经验增加后，几乎每天都在我的办公室里上演着，并时常让我的心为之疼痛的一个事实。每当我的两个孩子跑到身边，用他们的小胳膊环绕着我，说"妈妈，我爱你"时，我清晰地看到他们眼睛里闪烁的信任和毫无保留的爱，那是我这一生见到过的最明亮的光。是谁说这个世界上最深厚的爱是父母对孩子的爱呢？我在工作和个人生活中体会到的，都不一定是这样。在孩子的成长过程里帮助他们逐渐发展出内心的调和能力，帮他们接受我身为母亲的不足和缺陷，让他们能够既爱我，又在某些时候接纳他们心里讨厌我，甚至恨我的感觉，是我能为自己的两个孩子做的，亦是我正努力为来到我办公室的被这一冲突所困扰的人们做的。我深知自己远不是一个完美的母亲,但孩子们现在可以自由地表达对我的不满——这不是为我自己的不完美找借口,我希望他们长大以后也会继续拥有这项能力,这样的话,他们心上便不会背负那个沉重的冲突。咨询室里也如此,帮助来访者将难以对父母表达的负面情绪投注到我身上并表达出来,获得接纳,是我工作内容的一部分。

若是再回到开头第二段提及的育儿观念问题,我想说,儿童的早期经验当然很重要,但没有重要到不可改变的程度。我们每一个人,不管现在正处于何种因成长创伤而造成的情绪困扰中,都有可能变得更好。变得更好的途径,并不是非得成为一位"完美母亲"或者拥有一个不带任何缺陷的快乐童年,而是通过深刻的觉察和体验,感知已发生的和正在进行着的一切。

很巧合的是,在我写作这篇文章的过程中,胖丹特地搬了小板凳,很乖地坐在我旁边玩他的玩具,女儿胖柔也在写作业的间隙跑过来一次,给了我一个大大的拥抱。他们并不清楚我在电脑前做什么,只是很简单地信任我、依赖我。我愿不辜负这种毫无保留的信赖,也愿继续在工作中肩负着来访者的信赖前行。

2019 年 8 月 24 日

学习：每天都有崭新经验

国内的临床心理界常常谈论咨询师工作累积的小时数，以此作为对从业者经验值的判断。而我在美国工作的环境里，好像没什么人谈论时数，大家都是通过从业年限来了解一个治疗师的经验。故而尽管以国内的标准，我已有 1600 小时的个案时长，不应算作新手，但事实是我全职工作才一年多，仍是不折不扣的新人。我一年多就累积了这么久的时长，主要是因为心理治疗作为一项与健康相关的服务在美国非常普及，临床工作者的个案量普遍比较大。我其实很乐意把自己看作新手，因为不论身边督导及同事的工作年限是三十年、十年还是只有三五年，我都能从他们身上学到很多东西。而且对于每一位初来我办公室的访客，我也是他们生命中的"新人"，我与他们的每一次相遇都是崭新的经验。

对临床心理工作者来说，学习是一个终生任务。一般来说，除了参加各种带有"继续教育"性质的培训和课程之外，咨询师是通过接受督导和个人体验来进行学习和成长的。最近读到一篇中文文章，作者是在海外执业的"临床心理学家"，这位同行以主观好恶很强烈的态度否定了个人体验和长期督导的必要性。我不同意这个观点，正好可以借此话头，来谈一下我自己的看法。

这位作者专攻的领域是进食障碍、创伤后应激障碍以及边缘型人格障碍。在反对个人体验时，该同行问道：如果我需要有"个人体验"，是不是说我应该得过上述这些病症，并接受过诊断和治疗？

这话乍听蛮有道理，实则经不起推敲。因为"个人体验"的含义并不是说当治疗师有了自己罹患某个病症并为之接受诊疗的经验，才能够去帮助受这种病症所苦的病人。而且作者举的例子，只包括了精神障碍诊断手册当中列出的现象学意义上的病症标签，并未涉及深层的人格结构。每位咨询师都会不可避免地将自己人格里的内容带入与来访者的咨访关系中去，不论他们对这个过程是否有清醒的认识。虽说咨询师未必患上过抑郁症、焦虑症或人格障碍，但他们一定会在工作中碰到与自己的人格结构和心理防御模式类似或相近的来访者。一个流传很广的说法是，临床从业者常常会在冥冥中"吸引到"与自己人格特点相近的来访者。这一观点尽管还没有足够明确的统计数据支持，却也算是一种有趣的观察了。在这个意义上，即便一些治疗师并没有真的在工作之余接受个人体验，他们事实上多多少少也已体验过那些与他们具有人格相似性的患者的内心感受了。

那么让临床从业者坐在访客的位置，从一个更为资深的治疗师那里获得帮助，这件事对于临床工作者来说，意义到底何在呢？有些好处是比较容易被我们看到和承认的。比方说从更资深（通常也更年长）的同行那里获得共情和支持，挖掘潜意识深处的欲望和冲突并将其"修通"，显而易见对接受个人体验的治疗师本人的生活和工作都能带来好处。这里我把"生活"列在"工作"之前，是由于我认为，咨询师的个人生活的稳定性及质量，对其工作质量有着决定性的影响。生活"通"则工作才能"通"，因为即使心理咨询师在某些患者的眼中是无所不能包容和接纳的，但他们毕竟也是人，事实上会在工作状态里、在与来访者的关系中使用他们业已熟悉的应对方式（亦即"防御模式"）。假如治疗师能对自己的人格特点及防御模式有所了解，就可以在与咨客互动的时候对自己的起心动念和一举一动都有清醒的觉知。这是保持心态稳定、生发同理心且避免"剥削"来访者的一个很重要的前提条件。不过，这种对自我的深层理解只有通过深刻的内省并借助已在某些方面修通了的前辈同行的指导才能实现。全靠自我探索有可能达到同样深度的领悟吗？我觉得大约是有一些精力旺盛且善于自我批评和内省的哲学家以及心理治疗领域的先驱可以做到，比如苏格拉底、弗洛伊德等人。而弗洛伊德之所以只能全靠自我分析来探索其内心世界，是由他的所处时代和他自身即为谈话疗法的创始人等客观条件限制的，未必是他的本意。

个人体验对治疗师的那些比较不明显的好处，是从业者当真以病人身份坐在另一位治疗师的对面或躺在一个分析师的躺椅上之后，才能真正发觉的。就我个人而言，除了上面这段话所讲的个人体验的益处，我觉得我自己被治疗的经验教给我的最有用的一点是：我知道身为一个来访者是什么感觉。当我明明跟 Dr. K 已经持续面谈了两三年却仍有许多感受没法形诸语言，仍有本来打算讲的东西却在即将说出口的一刹那改了主意，仍在一个我本已熟悉的会谈室里感到我的表达受到了不知什么东西的抑制……我开始懂得那些来到我办公室的患者闪烁的眼神、欲言又止，以及说出 A 后又立即否定了 A，究竟是什么样的感受，可能是因为什么。当我躺在分析师办公室的长沙发上，我看不到与我对话的这个人，但他能看见我；我不清楚谈话将往哪里走去，希望对方能给予一些线索；我想表达对对方的信任及依赖，却总觉得找不到合适的词句。在这些时刻，我深深体会到了身为一个来访者在咨访关系的设置当中身心的脆弱性。每当我正襟危坐在自己的办公室里接待访客，我所处的位置就会赋予我权威，而我在 Dr. K 处接受治疗和分析的历程则清清楚楚地让我体会到来访者在这种关系动力结构之中的劣势地位。这些经验不断地提醒我，当一位患者来到我的办公室，当他们把自己隐秘的内心生活交付与我，其中包含着多么巨大的恐惧以及决心。这一认知使我有可能对来访者产生深刻的共情。

特别幸运的一点是，我在初次接触来访者以前，在2016年秋天进入第一份实习工作之前好几个月，就开始了我的个人体验。愚笨如我，要是没有身为访客经验的帮忙，在最初接诊病人的时候大概会紧张得语无伦次，甚至连手脚该往哪里放也不一定知道。后来我发现自己的工作风格受到了Dr. K的很大影响，我其实在无意间习得并内化了他的许多做法。Dr. K的冷静、中立并且不急于表达他对来访者理解的治疗风格，这些东西我后来都在自己的工作过程里一一应用了。但还有一些很小的细节，直到我发现身边的同事与我做法不同，我才意识到自己在个人体验中所经历或目睹的某些事物已经为我所熟悉并成了习惯。比如，我有时看到一些同事在咨询结束时把来访者送到办公室门口，满脸堆笑地反复对他们说："今天你太棒了，我们下周再见，祝你度过美好的一周哦！"这个"哦"自然是我加的，用以表达这个英文句子结尾向上走的那种奉承式的语调。那时我才意识到，我自己从来不这样做，而是在每次面谈结束时从椅子里起身，以示意来访者该走了，而且我不会以脚步跟随他们，他们会自己打开我办公室的门走出去。我也会说类似"周末愉快"或"你保重"之类的话，但语气是平淡的，不会特意以加重的语气去讨好来访者。这一方面当然是因为我无意中从 Dr. K 身上学到了他的中立态度，而我之所以能够学到这一点，且能自然地运用到工作中去，也是由于我本人亦性格清淡、不喜无缘无故的热络。后来我在波士顿本地的一个临床精神分析博士项目入学后，有了第二位分析师 Dr. H，我发现她的做法又有所不同。每次面谈结束，她只把垫脚的小软凳子往前一推，把脚放下来，我就明白时间到了。她也从来不会从自己的沙发里站起来，而只是坐在那里等我走掉。我还没有问过她，这种结束面谈的方式是否有什么特别的含义，以后也许该找机会问一下。而我以这么多的篇幅来谈论结束面谈和送走来访者这样的细节，是因为它们并非小事。一个从无任何经验，也没有从前辈同行那里学习过的从业者，我很难想象他或她能把结束与告别的流程处理得自然得体且亦不违背自身性格。

本文开头我引用的那位心理学家在其文中言之凿凿：没有胜任力的咨询师就算有几千小时的个人体验，也仍然不会产生胜任力。

然而通过我在这里所写的可以看出，没有胜任力的咨询师假如真能有几千小时的个人体验，他们的胜任力是一定可以建立起来的，而且个人体验也不需几千小时这么多。我本人的个人体验如果只计算与两位分析师一起工作的小时数，不算之前的心理动力学和CBT体验的话，目前也只不过有160小时左右。虽然在这160小时的治疗之后我不能夸口说自己就有了多么强大的专业胜任力，但我至少可以说，我对我的工作有信心，在面对来访者的时候，不论他们的病情多么复杂，我不会发怵，因为除了我已经积累的工作经验，我还有个人体验和一对一督导的双重支持。

说到督导，我又觉得自己实在是太幸运了。工作第一年，我遇到的督导是一位原籍巴拿马的拉丁裔女性（叫她"欧导"吧），她不但工作经验丰富，亦是我供职的诊所里唯一的心理动力学治疗师。我与欧导建立了非常良性的督导与被督关系，不但每周都向她请教临床个案，还经常谈起对工作环境的不满之处，从她那里得到了许多有益的支持和必要的理解。欧导也特别喜欢跟我聊天，每常给我推荐她正在阅读的临床书籍，或是告诉我开会培训的消息，还经常向她丈夫提起我。在我们的关系当中，我有时觉得她把我看作了她的女儿，发生了"移情"（她有三个儿子，缺个女儿）。而我在换工作后的这段时间里也常会想到她，其中亦是有依恋的成分。上周末欧导给我打来电话，热切地询问我的近况，并说："Jing呀，你赶快攒够工作小时数，找个办公室独立开业吧！到时候我想跟你合开一家诊所。"我说:"好啊,到时候就又能跟您一起讨论案例了!"

在我的私人经验当中,个人体验和督导这两个渠道的学习都带给我颇为丰厚的收获。这里我还想要谈一下,跟每位患者打交道的过程亦让我学到很多。这篇文章开头提到,当一位来访者第一次来到我这里,我们对彼此来说都是"新人",这种"新"寄托了患者的希望和对我的初步信任。尽管他们大多会将我视为权威,认为我可以"教"他们如何处理情绪困扰,我却觉得我从他们身上学到的东西难以估量,这大约是访客们想象不到的。处于工作状态的每一个小时,我都能不断地从患者身上领会到人性的宽广和深邃,以及它的坚韧与脆弱。经常,我也能学到新的临床技巧。

最近有一个焦虑比较严重的患者,苦于不知道怎么面对一个人际情境。我临时想到曾在社工学院的课堂上,观摩过美国认知治疗大师杰弗里·杨[1]在录像中示范的"角色扮演"。于是我便邀请患者和我一起进行角色扮演,我来代表她,而由她扮演那些经常给她带来困扰的熟或不熟的其他人。这个干预手段的目的是把对访客有保护功能的沟通手段由治疗师示范给后者看,借此帮助其学习人际沟通技巧。当时我们的对话大致是这样进行的:

---

[1] 杰弗里·杨(Jeffrey Young,1950—),美国当代认知治疗大师,他发明了图式疗法(schema therapy)。

来访者：嗨，最近好吗？……你为什么不找一份工作做做？

我（保持礼貌的微笑但语气坚定）：哦？你为啥想知道呢？你很关心我嘛。

之后这场角色扮演就进行不下去了，患者说没有话可以回应，又说她从不知道可以做出这样的反应，她觉得如果能这样去回应别人对自己的生活状态不怀好意的询问，那些人一定不会再说出更多令她感觉受贬损的话了。我听到来访者这样说，一点也不感到高兴，相反，这次面谈之后，我自责了好几天。因为我同时也看到了病人的神情，她黯淡的表情让我知道，她并无勇气真以这种方式去面对那些贬低她的人。同时，由于我以治疗师的身份教给她一种我认为有效的沟通方式，实际上这个过程强化了我在患者心目中的"完美"形象，与此同时，也加强了来访者内心早已有之的"无能"感。这对一个自尊水平本已较低，特别焦虑于他人对自己的评判和贬低的患者来说，是有害无益的。我当年在课堂上学"角色扮演"的时候，老师并没有教给我们，什么时候可以用这种方法，什么时候这一干预是不适宜的。老师也教不了这么多，因为每一位来访者都是一位"新人"，需要我时时从他们身上去学习，他们需要的到底是什么。

每天与来访者接触，每周接受个人体验、一对一督导和团体督导，不定期地参加与专业兴趣相关的讲座、工作坊，在此之外，我作为心理治疗师的学习还包括我自己的阅读、思考与写作，包括我作为一个人在生活中观察和体验到的点点滴滴。正如我认为当一位患者来到我面前，他是带着他全部的经验与私人历史，甚至国家和民族的集体历史，我也相信当我自己坐在治疗师的位子上，不论我开口或者沉默，在我周遭的空间当中，也氤氲着我一切的情感与思绪，我的爱恨和哀乐，我的生命在时间中轮回的印记，所有的碎片以及整体。当我坐在来访者面前，我不仅是我，也是我以生命去完成的这份工作本身。

2019 年 9 月 28 日

联结："人"的意思，是人与人的联结

尽管冠状肺炎的疫情在本地已有了蔓延之势，3月初的时候，工作环境里的人还好像什么事都没发生一样，该干吗还干吗。甚至3月10号那天，诊所仍然照常进行了团体督导会，十几位咨询师挤在一个小会议室里，一边吃饭一边说话。我当时很后悔没有在包里装上一个口罩去上班，只好自我安慰道，我工作的小市镇在麻省比较闭塞的一个地区，暂时还没有确诊的病例。会上，我一边捂着自己的饭盒，一边小心地注意着周围的同事是否有感冒症状。我很紧张地听临床主任说，诊所马上需出台政策以应对疫情发展，不过我们的"上峰"（应该就是保险公司了）对于以视频方式提供治疗尚无明确规定。据闻，哪怕是迫于形势必须采取视讯手段，治疗师也得来办公室，有权利留在家里的是患者而不是我们。又说用哪个通讯平台也得按规定走，绝对不能使用Skype或Zoom这类普通的视讯工具，很可能得用蓝十字蓝盾保险公司[1]提供的平台。我当

---

[1] 蓝十字蓝盾（Blue Cross Blue Shield）：美国最大的医疗保险组织，它旗下有遍布全美的30余家地方性保险公司。

时有些失望，心里想着要是实在不行，我就干脆请假不上班算了。

结果情势急转直下，那个周末到接下来的周一，诊所顺应变化给我们发了许多邮件，一封邮件一个说法。先是说大家可以自主选择是否使用视频方式，又给我们指定了一个平台，但规定治疗师本人必须到办公室。到了周一晚上就变成说，让我们自己根据对情况的判断来决定去不去单位。我当然做出了最快的反应，3月17号，也就是星期二，立即开始在家工作了。18号是我最后一次去办公室，一是收拾一下，把需要用到的资料拿回家；二是当时诊所要求，对新病人的初次访谈依然得在办公室内进行，而我那天恰好排了两三个新患者。然后很快，到了20号单位又通知，患者不论新老、病况，所有的情况都可以进行远程诊疗了，对于需要病人签署的同意治疗的文件，只获取口头许可就行了，甚至对家里没通网的患者，打电话会谈也行得通，因为保险公司现在没那么多条条框框了。

这是政策方面，让我松了一口气。可是又想起前两天看到快七十岁的欧导的排班，她这周安排的全是面对面咨询，我不禁担心起来，想要提醒她。直到欧导周末告诉我，她的工作已全部改为远程面谈了，我才放下心来。除了工作，还有学业的一头。我在波士顿的某精神分析研究所念博士学位，学校方面迟迟不对疫情作出反应，也一度令我焦虑。这所小学校不过是一个由一群精神分析师构成的组织，虽然教师的绝对人数不多，但大多是些六七十岁甚至七八十岁的老头儿和老太太，万一因病倒下一两个，对临床、对学生，以及对我们这个即便在精神分析学界里亦很边缘的学派[1]都会是很大的损失。所幸学校在3月12号及时地宣布把一切教学活动转为线上，我每周去实习的精神病院为了保障病人安全，也开始对外关闭。

至此，我与外界的所有物理接触都停止了。之前计划好的三月下旬法国行和四月中的墨西哥城之旅，根本不用我自己取消，航空公司就给我来信说航班没有了。麻省也发布了建议百姓居家隔离的政策，并严令禁止任何10人以上的群众活动。那时起，我每天从早到晚不出自家房屋一步。因为丈夫、孩子都远在异国，家里只有我一人，除了通过网络工作、上课并与家人联系以外，我一句话也不用说。就连关系到生计的买菜一事，大概是我比较幸运，总能抢到让超市送货上门的位子。所以过去一个月的生活是在一种与世隔绝的状态下进行的。这种非主动选择的隐居状态，对于我作为一个心理咨询师有什么影响？疫情背景下的居家隔离对我的患者造成了什么，又给我们之间的关

---

[1] 该流派称自己为"现代精神分析"（modern psychoanalysis），侧重于对精神病性患者的治疗，属于在过去几十年中涌现出来的当代精神分析思潮中的派别之一。

系带来了什么呢？

提出上述问题时，我已在一种深深的无助感中沉浮了一段时间。作为一个"宅人"，其实我到现在为止也没在家里待腻，除了工作和学习，读点书，看看碟，写些文字出来，一天天很快就过去了，甚至还常常觉得时间不够用。然而在网上面对访客和面对老师、同学的时候，我觉得他们离我是那么遥远。渐渐地，一种想要触碰屏幕那边的人的愿望在心里产生。上次单位线上开会，我把这种感受形容了出来，并半开玩笑地"警告"同事们："你们做好准备，等我们见面时，我可能会碰你们一下哟。"确实，朝九晚五的工作时间，我这段日子全是在电脑面前度过的，我所说的每一句话，都被电波信号传送出去，它没有一个切实的、能亲耳听到的它的对象。

疫情之前的日子里当我与患者面对面工作，除了初次见面时有些人会主动与我握手，我并没有跟他们有过任何肢体接触。但是我办公室的物理环境以及我们面对面沟通时的切身感和在场感，都为来访者提供了一个场域。若我以此为媒介帮他们建立一种安全感，那么这个"场"即是他们能在其中以语言表达自己的一个空间。可是当心理治疗的媒介变成了虚拟空间，这个"场"又将在哪里存在呢？在网络基站或电话线上吗？

而且这种工作状态与我通过网络接诊国内来访者的

远程咨询工作又有所不同。对于通过国内平台找到我的咨客，网络咨询的方式是他们的主动选择。在国内的社交媒体上，时常有网友与我联系，想进行远程咨询，我一般都会建议他们首选能够见面的当地咨询师。而对于成功预约的远程来访者们，我则会在工作过程里找到合适的机会，询问他们与我咨询的动机，比如：是什么因素使他们选择了我，为何选择一个无法见面的咨询师，为什么决定进行网络面谈而不是地面咨询，等等。半年多以来我在网上与国内访客一起工作的经验表明，大多数人是由于在当地找不到合适的治疗师而求助于网络咨询。所以虽然我也一直在克服远程工作中肢体交流信号太少以及在场感被局限的弊病，努力为我的网络来访者们创造出一个"安全场"，但网络心理咨询的局限性，事实上存在于网上的来访者们意识或潜意识中已经默认了的一个前提：他们不能面对面地见到我。

但疫情对我在诊所的病人们造成的挑战是，有一个曾经存在过的"场"现在失落于网络和电话信号里了。从能够见到一个完整的人，变成通过手机或电脑的镜头看见这个人的脸和脖子，从呼吸着同样的空气变为各自"禁足"在自己家里，从可以直接收到对方的反馈，到说出的每一句话都被科技手段压缩和传输……在这个过程中，丧失的不仅有心理治疗需要的形式感和边界感，附加在话语上的情绪、质地、色彩等最细微的那部分交流信息，也不可避免地从它们所附着的语言上被剥离了。

来访者们向我表达了不满。最后一回在办公室工作的那天，一位患者抱怨道："虽然我明白我们必须挪到网上去谈话，但我很生气。我受不了没法真的跟你见面！"从过去几个星期仍在坚持与我远程工作的患者那里，我听到过太多次这样的话："天哪，我真是不喜欢这种没法面对面谈话的感觉。我们到底什么时候能回到你的办公室里去？！"还有因疫情影响心境而焦虑或抑郁加重，新近开始咨询的访客，无奈地在视频中对我耸耸肩，说："真希望能早点儿见到你，这儿的网络信号不好，在手机上我都看不清你长什么样子。"

他们言语之间难以掩饰的无力和无助感，一部分由疫情造成的诸如失业、住房、育儿等现实问题导致，但也有一部分是由于那个"安全场"的削弱，是出于对沟通和人际联结的渴望。本来，对一些受社交恐惧、人际问题或广泛性焦虑症困扰的患者来说，每周见我是他们极少数出门与人交流的机会，现在他们却不得不留在自己家里与我视频通话。而病人家中的环境未必理想：对遭受家庭暴力或不得不在家人面前压抑情绪的来访者来说，家提供不了自由表达的安全空间；即便知道家人在隔壁房间里，不可能听到我们的对话，这些访客也会很紧张。遇到这种情况，哪怕再怎么竭力拿出全部的能量去共情和倾听，我也仍会被巨大的无助感包围。那个我努力为来访者所构建的"安全场"，它悬在虚拟空间中的不知何处，我自己尚很难将它看清楚，何况我的来访者们呢？

在这种情形下，多数咨客依然能按时与我在网上碰面，可是面谈的外部条件则无法保证。比如，有些人的孩子会突然大哭，跑过来争夺家长的注意力；也有人没有电脑，必须通过手机上的浏览器进入网络咨询室，但面谈过程中会有电话打进来，有时只是干扰一下手机的运行，有时却会使病人彻底掉线。还有几位患者，在面谈时我看到他们是坐在车里的，他们解释说，家中的每个人这些天都在家待着，实在找不到能与我谈话的隐私空间，只好出来坐在自己的车上，至少这还是一个不会被打扰的安静场所。

作为治疗师，我无法控制来访者生活中会对谈话造成干扰的因素，而这些因素都增加了我工作的难度，也让网上咨询变得比它原本就不理想的设置更加不理想。但是在尽力剥去网络信号里和电话线上的杂音之后，我不但看到了患者们的无助感，也很清晰地看到了他们对我的信赖与需要。孩子哭起来的时候，他们一边哄孩子一边不停地对我说抱歉；当电话或网络信号不好，咨询被突然打断的时候，他们会在家里信号强的地方来回走，一遍遍地尝试再次进入网络咨询室；而坐在车里或走到阳台上的那几位，我分明看见了他们脸上的赧然和他们在虚空中对我发送的呼叫信号。这些都是我的来访者们在这个瘟疫蔓延的时期所做出的与我联结的努力，每当这时，我都很想伸出双手去触碰虚拟空间里的另外一头，那个拼尽力气想要与我发生联系的人。我和访客们都需要非常努力，才能建立和维持一份联结，因为我们双方同样挣扎在一种能将人吞噬的无助之中，这是由我们生活所处的特殊时期决定的：远程从事心对心交流的活动，这是一种不可能。而我和我的来访者们所做的，则是要在不可能中开创出一种可能。这一点对于国内的远程来访者，也是一样的。

佛家说：肉身是修行的道器，对你的身体好一点。就像精神必得依附一个身体而存在，人的情感和情绪也需要落实到人际联结上去，在真实的人身上发生。尽管我在这个不得不活得像个离群索居的分裂样人格[1]者的时期能够享受独处的快乐，但那些时时涌上来的无助和脆弱的感觉也令我明白，"人"的意思，是人与人的联结。新近完成的虚构作品里，我让笔下的主人公选择了与世界告别。当这

---

[1] 分裂样人格（schizoid personality）：临床精神分析的人格诊断术语，指一种孤僻型人格，这一人群对社交缺乏兴趣，偏好独处。

场疫情有可能是人类社会死本能[1]的一次集中爆发，我把被时代激发的我个人的向死本能放进了文字。而文字以外的真实世界中，那些为了实现真正的沟通而进行的种种努力，那些明知不可能也要不停地尝试的时刻，是我和我的来访者们身上向上生长的力量。它已经在那儿了，无论外面有没有阳光。

2020 年 4 月 18—19 日

---

1 死本能（death instinct）：精神分析概念，由弗洛伊德在其晚期双驱力理论中提出。亦可称死亡驱力（death drive），与生（命）本能 / 驱力（life instinct/drive）共同构成"双驱力"。详情可参考本书辑四《A Wish to Live, a Wish to Die——由个人经历浅析弗洛伊德"驱力说"》一文。

辑三　作为心理咨询师的修行

布施：咨询师职业意味着自爱和爱人

> 自爱爱人，爱一切众生；自救救人，救一切众生。
> ——圣严法师

"这是一个终身学习的旅程。"谈及从事心理咨询行业的感受，几乎所有同事和督导都会这么说，很显然这是大家的共识。终身学习，学的是什么呢？技术、理论、伦理，每位患者个体的情绪和人格特点，咨询师对于自身潜意识领域的理解……罗列起来，似乎无非是这些老生常谈的内容，虽然是"老生常谈"，却有必要常常谈论、诘问和反思。这个不断完善自身的人格和修养，以利于更好地为来访者服务的过程，在我看来，非常类似于大乘佛教（也即"汉传佛教"）中菩萨道的修行。

大乘佛法教导修行者以"六波罗蜜"为修持的准则。"修行"在中文语境里虽是"大词"，但根据佛法，"六度梵行"却一定是要在日常生活中一点一滴积累起来的。"修"是修炼自性之意，"行"则意指行为、行持。而佛教所提倡的修行，更像是"行修"，"行"在前，"修"在后，"修"蕴含于"行"之中，这一点在"六波罗蜜"[1]的次第中即可看出来：布施、持戒、忍辱、精进、禅定、智慧（即般若）。前三个波罗蜜全都着重在"行"，到了后三度才括进了"修"的成分。

从2016年在实习单位接待第一位病人算起，过去几年里，我经历了数千小时的倾听。在不断被访客的情绪卷入并曾因此病倒和气馁，以及学习如何处理这些现象的过程中，我逐渐发现自己作为心理治疗师的日常工作内容及终身学习的任务，与身为佛弟子的修行存在着关联。想要提前强调的一点是，我在这里使用佛教语汇谈论心理咨询工作的目的，不是要把后者"总括"进前者，而是想以前者在给修行次第下定义时所体现出来的智慧，来梳理和辨析一下我对临床心理工作的理解。毕竟，在语言终结之处，在智慧显现的地方，我们不需要借助任何名词或标签。

"布施"行为在心理咨询中显而易见。谈话治疗倚靠语言交流的特点使其在进行过程中发生的主要是"言语布施"（相对于"财施"）。而假如能成功地帮助患者改善心

---

[1] 六波罗蜜：佛教专有名词，与"六度梵行"同义，指次第由浅至深的六种修行方法。"波罗蜜（多）"是梵语发音，意为"到彼岸"，故"波罗蜜（多）"可以引申指修行的方法。

境，减少诸如焦虑、恐惧、空虚、抑郁等症状，则可以说是"无畏布施"甚至"法布施"。这里的"法"作广义解：了解了它，就能利用它来指导我们自己在"无忧无怖"的平静和喜悦情绪中生活，一切这样的知识实际上都可以称作是"法"。所以治疗师本人是否听闻过佛法根本无所谓，当他们在工作中把便于应用的、有助于改善心情的方法和技巧分享给患者时，这已经是"法施"了。

临床工作者的"布施"与一般修行者的"法施"之间的差异在于，修行者不会期待受施者对其有任何回报，而心理治疗师则会按照工作时长来收取每小时固定的费用。从这个意义上讲，治疗师跟患者之间，并不是"施"与"受施"的关系。这一方面是由于心理咨询是一项职业，从业者需要收取费用来维持生存。另一方面，"施"与"受施"的关系其实无关重点，我想指出的是，在慈悲心和平等心的基础上，咨询师需要有一颗给予之心。把心理咨询只当成一份平常的工作来做，和体会到这份工作含藏的"千钧之重"，大概会形成截然不同的工作态度和工作效果。当从业者能够感念由工作性质赋予的责任，感念来自患者的信任和能够进入对方心灵深层的"特权"时，至少从我的个人角度讲，一种慈悲之情会油然生起：这些因种种偶然而与我结成工作关系的陌生人，他们凭什么信任我？在维护病人自尊的前提下，我应该怎样讲话、何时表达，才会对他们起到最好的帮助效果呢？带着诸如此类的感念和悲悯情绪工作时，对"如何给予"的思考在我心里占据了很重要的位置。

佛教把"布施"作为修行六度的第一步，并非偶然。以自度且度人为要义的大乘佛法，通过倡导布施来培养人们的慈悲心，"无缘大慈"和"同体大悲"是修持佛法的基础。"无缘"是说不依附于外部条件，亦不区别众生。心理治疗真的有这个特点：会谈室的大门对任何人都敞开，只要访客自己愿意（包括合作意愿和缴费意愿），治疗师都有义务接收（超出治疗师胜任力、有现实利益冲突以及没有空余时间的情形是例外）。"同体大悲"指菩萨道的修行者应将众生看作是与自己一体，感他人之所痛，这一条便对应了心理咨询师胜任力当中要求的共情能力。

因为自己已有好几年被治疗的个人体验经历，我很清楚真实的共情和伪装的悲悯之间有多么大的差别。所以我在工作时尽量让自己表现得自然：感患者所悲时，我不掩饰自己的难过，而感受不到时，我也叫自己千万不要假装。在心理咨询的工作场景中，很多时候，由于来访者的一些情绪被压抑得太深，是由咨询师先他们一步去感受的。比如说，有的咨客会面无表情，不带感情色彩地讲述家人去世或被子女抛弃的事情，尽管他们否认这些事还在影响他们，我却感到自己的心猛地抽痛，眼泪也涌了上来。曾有患者注意到在我眼眶里打转的泪水（其实我不得不擦泪的时候也不少），问我："你怎么流泪了呢?"当时我才刚全职工作没多久，不知道什么才是最好的回答，于是便听从内心，诚实地告诉那位访客："因为我很伤心，我想我是体会到了你的难过。"从患者之后的反应来看，我的回答产生了一个具有疗愈功能的干预手段所能带来的效果。对我自己而言，我知道那事实上更是一个慈悲的时刻，是一个人与另一人的真实相遇。临床工作里也会出现没法共情的时候，而且好像还并不罕见。每当这时，出于治疗师的责任感和佛弟子自省的需要，我首先反省是不是自己工作时不够专注，没能抓到来访者话语和行动中给出的某些细微的线索。在排除了上述可能性之后，我会与督导和分析师分别进行讨论，看看这种情况是否由来访者的症状导致，是不是患者潜意识里想通过无法令我共情的这一方式，教我找到能帮他们疗愈的方法的线索。我的分析师和督导老师们都是我在长养慈悲心方面的榜样，他们一遍遍不厌其烦地听我诉说，帮我分析，给我出主意。他们告诉我：某些情况下，病人确实没法令咨询师对他们产生共情，这时候你就要想，他们在日常生活中跟其他人打交道时也是这样的，所以这往往会给来访者造成人际方面的困扰，而这即是你在工作中需要帮他们处理的问题。

上面说的是"同体大悲",在持续学习的情形下,它是相对容易掌握的,"无缘大慈"对我来说则难度大了不少。初入行的一两年,我的"分别心"很重。到了什么程度呢?就是我十分害怕诊所把那些社交功能很低,基本上不会交流的病人分派给我。在美好的想象中,我把所有患者都理想化为我自己见分析师时的样子:到时间就来,一躺下(或坐下)就开始说话,到时间了就走。于是只要有访客不是这样的,我便感到特别沮丧,总觉得是不是哪个环节出了问题。但由于单位服务的是低收入人群,他们的社会功能往往也相对较低,不太会沟通和表达的患者占绝大多数。在学校跟在工作单位,我常常找机会追问我的老师们和督导:"怎么办呢?患者来了也不说话,我问一句他就只答一个字,工作起来实在太费劲了!"后来终于在一次临床讨论课上,老师给我来了一句像当头棒喝一样的话:"除非你完全不跟这样不说话的病人工作,否则有的患者就是会让你付出更多精力的!"说这话的人是我在就学的精神分析研究生院里最喜欢的一位老师,亦是我为学校要求的实习个案所聘请的督导,他常年留着一腮显示出阅历和岁月沉淀的花白胡子。白胡子老师的"棒喝"把我砸醒,我突然间明白了,对于这样的患者,沉默即是他们的症状,也是病人与他人和外部世界建立关系的一种"适应不良"的方式,而我既然发现了他们有这个问题,就该尽力去帮助他们改善，而不应一味地抱怨这样的患者不是我的"理想来访者"。

还有一个问题也一度让我苦恼。有一阵，我发现来找我的病人中一连有好几个都具有"偏执妄想"（paranoia）的特点，令我非常困扰（我后来了解到，这样的患者确实会给治疗师带来强烈且复杂的反移情感受）。我跟我在学校的训练分析师[1]Dr. H 抱怨："我以为在普通人群中，妄想障碍并不常见啊，以前看教科书时我还专门把讲这个的一章跳过去了没有读。为什么这些天我手头的好几个病人都有偏执妄想特质呢？难道我身上具备什么特征，会吸引到这样的患者吗？我怎么做才能让单位不再给我分发这样的患者了啊？！"其实诊所在把病人们分发给治疗师的时候，并不会去深入了解他们究竟有什么样的病理特点，所以单位在这一点上也比较无辜。Dr. H 就这个问题对我表示了充分的共情之后，我也从她相当委婉的态度上领会到了"无缘大慈"。分析师和白胡子督导都告诉我：偏执和妄想实际上存在于一切心理病理当中，只是程度有深有浅。好吧，我学着放下自己的不满情绪，让自己去读书、发问，去更多地了解偏执症的病理。后来有一次我轻松地

---

[1] 训练分析师（training analyst）：为接受精神分析培训的临床工作者提供个人体验的分析师叫作"训练分析师"，这是一种特殊资质；"训练分析"（training analysis）则是精神分析培训的重要组成部分之一。

对 Dr. H 说："我知道了，不同程度的偏执妄想存在于我们每个人身上，它所倚赖的投射[1]机制，不但是移情发生的基础，也是童年期之后一切与他人关系之所以产生的基础。"分析师回应道："好极了！"渐渐地，我发现自己在面对有偏执妄想特征的患者时，在面对所有来访者时，都更为放松了。因为我明白了，如果有的病理症状我还不太懂，我可以一边工作一边从患者身上、书本上和老师那里学习。我可以去不断地学习，而不是以一种防御的姿态去区分个案，把它们分为"容易的"和"难应付的"，然后去拣选我觉得轻松的案例来做。

我发现，治疗师工作的"言语布施"甚至"法施"性质让我在工作中不断有机会生发出悲心和慈心。它们使我怀着一种"给予"的心态在面对我的患者。来访者们不但付给我金钱，还给了我信任，我当然必须回报以他们所需要的理解、支持和心灵成长。而且由于他们支付了金钱，我不会想让他们给我任何其他回报，这里亦涉及了咨询伦理。在工作时，我不需因期待额外回报而有后顾之忧，只

---

[1] 投射（projection）：精神分析理论所定义的一种心理防御方式，指一个人将"自我"当中无法接纳的动机、想法、情绪等内容赋予外界，认为是其他人拥有这些动机、想法或情绪。例如一个总是担心别人会挑剔自己的人，往往自身便易于挑别人的毛病。投射通常在潜意识的层面发生。

需要想着如何给出深含慈悲的言语，如何能帮患者培养出面对无常世事的无畏和平静就可以了。这自然是一个长期目标，现在的我还远远没有做到，但我感恩工作和所有信任我的患者们，是他们令我能够拥有这样一个日日修行的机会。

2020 年 8 月 30 日

持戒：面对诱惑，恪守伦理

佛家修行当中的"持戒"，对应的是心理治疗师对伦理的遵守。在社工学院念书的几年，无论上课还是实习，都被要求时时得想着"全美社会工作者协会"制定的伦理守则，现在接受精神分析训练，也要专门上精神分析伦理方面的课程。不论是临床社工执照所要求的东西，还是精神分析实践中的操作规范，这些内容在日常工作的层面似乎可笼统地称作"咨询伦理"。顾名思义，伦理守则的目的是从道德法则出发，对从业者的职责进行框定并对权力加以约束。个人看法，在咨询伦理之中，只要牢牢记得对患者秉着"有益无害"这个大的原则，其余都是细节，碰到拿不准的情况，及时与督导或老师商量就可以了。

然而这个"有益无害"，在具体实施的时候，常常并不是那么简单。我从自己的分析师那里学得的操守是，在面对来访者时，要让自己说出的每一句话都不仅仅是在讲话而已：说出的话——哪怕叹一口气——都应是饱含慈悲且有助于患者疗愈的，而且必须在合适的时机去表达。

这个时机其实不太好把握，新手时期的心理咨询师常会有急于表达的冲动，好像得赶紧实施点什么干预手段，用以证明给咨客看：我在帮助你啊，我正在为你努力工作，你付的每一分钱都物有所值呢。过早的干预实际上会让来访者觉得治疗师并不理解他们，有时会导致个案脱落。所幸我的个人体验已教会我许多东西，在初入职场时使我能够对这种不成熟的冲动进行觉察并且不去实施。现在在单位的集体督导会上，有一些比我更晚入行的年轻人不时会报告有这种"不说点什么，来访者就会觉得我没在帮他"的焦虑感，当督导们意识到怎么说也没法把他们说通，就来一句："你自己找个治疗师去好好体验一下就明白了。"我觉得特别有道理。

干预得晚了，该说的话说得不及时，是另一种对治疗有害的情境。在这一点上，我有血淋淋的教训。有一回我向分析师抱怨刚刚失去一个个案。我说："我们谈得好好的啊，这个病人每次来了都说好多话，我觉得她对我挺信任，氛围也挺好的，怎么她突然就提出不跟我工作了，要换一个咨询师？"分析师问我有没有在移情关系中发现什么蛛丝马迹。于是我想起来了，这个患者大约是在咨访关系里将我体验为小时候对她不甚负责而且带有虐待性倾向的母亲，并且她在脱落之前经常无故取消面谈或要求改约。说到这儿，不用分析师点透我也已明白了：负面移情已然出现，我却没有及时处理，甚至当来访者已经用行动来表达对我的不满时，我都没能意识到问题，从未在面谈时与她讨论她数次连续改约行为的含义。我跟分析师抱怨道："诊所不停地给我们分发新病人啊！我实在没法做到对每位患者的全部情况都了然于胸。"牢骚归牢骚，假如想踏踏实实地从每一位访客那里去学习对他们最有效的沟通方式和疗愈办法，我发现，没有捷径，必须让自己专注地全情投入。后来我找了种种"借口"跟诊所去协商，不断减少自己的工作量，当工作时间减低至每周三天时，我终于感到有了足够的时间和心内空间去对手头的全部个案进行较为细致的消化与反刍。

减少了工作量，意味着收入更低了。去年我算了一笔账，意识到我每月从诊所获得的收入还不够给孩子支付幼儿园园费，尚需厚着脸皮到父母那里索钱，来付我自己的学费。马上要迈入不惑之年了，经济上仍难以自给，肯定是非常焦虑的。好在丈夫的收入相对稳定，能够覆盖家里最基本的支出，让我不至于为温饱而担忧。一年前，我开始通过网络咨询的方式接收中国的远程来访者。一方面我早已渴望能以我的所学去帮助我们国内有需要的老百姓，我特别想在工作中说中文，另一方面，我也想试试看，能否把自己念博士的学费挣出来。而过去一年间的网络咨询师生涯，则让我实实在在地经历了一些诱惑和考验。

不管是工作时间的划定还是咨询费用的制定都可以归结到金钱诱惑的问题上来。由于时差，最初我拿出每周三个晚上的时间来做这份额外工作，但当发现效果不好，会让我自己太累后，就减为两个晚上。在我入驻的国内平台上，哪怕当我已经明确地表示无法接受新的预约，还是不断会有对我好奇的潜在来访者过来询问。为了工作质量考虑，我一向都会婉拒，告诉他们不妨考虑其他同行，愿意的话也可以隔一段时间再来问询。其实每当这种情况发生时，我都面临诱惑。我不想多赚一些钱吗？当然想啊，可能的话我也想来者不拒，把能挣的钱都赚到手，谁跟钱过不去呢？但是每一想到与我工作所关联的重大职责，我便知道必须拒绝眼前的诱惑，因为我不仅得对现有的访客负责（意味着我要保证能在工作时付以饱满的精神状态），也要对这些在网上找到我的陌生的人们负责：如果没法对他们承担全心全意的照护心灵的责任，那我从一开始就应该避免跟他们建立咨访关系。

定价的时候诱惑更大。在国内的心理咨询网站上，我有时会见到小时费偏贵的同行，仅从简历上看，他们未必经历了多么严格、严密的培训。我跟北京的好友冯姐感叹过好几次："这诱惑真的大啊！就因为行业不完善，大家都是自主定价，价位虚高的咨询师咋这么多，真的会有来访者买账吗？"据我观察，真的有。所以我自己在拟定咨询费标准的时候，也经历了一段时间的挣扎。我想定一个不愧于心的价格，但又害怕由于国内消费市场上"贵的才好"的这种心理，导致没有人来找我。冯姐说："你看某平台上的 xx 和 xxx，受训背景和工作经验都不如你，在网站上挂名了一两年之后，现在已经涨到每小时七八百元的价格了。"我回说我真是过不了自己心理上这一关啊。最终我在当前国内收费的中间价位里确定了一个自认能反映我的工作价值的费用。除了我所提供的服务的价值，我的其他考虑主要包括这么几点：第一，我人不在国内，只能提供网络咨询，这种工作模式意味着我并不需要租办公室，不承担房租、水电等开销；第二，我的训练背景和工作方式都决定了我主要是跟有长程咨询需要的患者工作，所以我的定价得让来访者在持续咨询一两年甚至更久的前提下能负担得起；第三，这可能是最涉及"良心"的一点，我收取的每小时谈话费用一定得低于我自己的分析师对我的收费。Dr. H 已经在业内工作几十年了，她根据我的经济状况给我提供的打折收费是其慈悲心的彰显。虽则国内情况不同，高价咨询相当普遍，但我完全没法说服自己跟风"适应国情"地去定价。

与钱的关系，每个人都需要去面对和处理，只不过对于心理治疗师来说，这是一个尤为重要的问题，因为我们实在是太常面对诱惑。我的偶像，存在主义心理治疗大师欧文·亚隆在《诊疗椅上的谎言》里以小说的形式,对钱之于治疗师的诱惑,进行了惊心动魄的展示,读者可以看到一个资深咨询师是如何在缺乏警觉的情形下,一步步陷入了由金钱诱惑所构造的伦理陷阱。春天的一次课上,我提到金钱问题,同学们虽表示附和,但没有人在我之后发表任何实质性的议论。课后我跟授课老师讨论这一现象,老师说:"钱的问题会唤起很多复杂的体验,不是每个人都愿意去面对,所以你提出这个题目却在课上遭遇冷场,实属正常。"我想,现在我把这个问题在"持戒"的标题下如此直白地写出来,可能也会收到各种各样的评论,但我觉得没关系,只有大家都来关心、谈论和批评——尤其是同行们也加入进来——一些问题才能得到厘清及改善。我现在暂时挂名的心理咨询平台经常会在各种年节时分推出"打折套餐"类的优惠活动,名目繁多,每次都给我发邀请,叫我参加,告诉我这是推广我自己的好机会,并说网站会在显要位置重点推介参与打折的咨询师。可我从没参加过。首先,为来访者提供"打折套餐",这违背了我在美国学到的工作伦理,心理咨询本质上是一种服务,按次付费才是理所应当的。其次,我对反映在定价上的自己的专业能力有信心,不需要打折也会有有缘的来访者找到我。我认为,治疗师根据个体来访者的收入水平而进行收费方面的浮动调整是正常的,但明码打折、打包收费则很可能反映了内心的某种不稳定和不安全感。

总之我不希望通过打折推广或任何其他方式来成为所谓的"明星咨询师",只要能默默地把手头的工作做好,挣出一点学费来,我已经非常满意了。几年前,我隐约意识到我的第一位分析师在拼命地工作挣钱养家,曾与其开玩笑道:"你这么默默无闻地在这儿工作,跟你的中国同行们相比,实在是不值。若是你去中国的话,就算不做精神分析,光开班授课便能赚到比现在高好几倍的收入了。"玩笑虽是这么说,在几年的个人体验中我也渐渐懂得,选择了用心来做这一行,实际上已选择了一条默默无闻的职业道路。一位优秀的治疗师,要把自己默如尘埃般地淹没到人群当中去,才有可能实现这份工作的最大价值,因为患者需要从业者具有佛家所讲的"大圆镜智"。为了实现真正意义上的慈悲和疗愈,我必须把自身的人格打磨成一面能够包纳一切、映射出一切的镜子,这条修养、提高自身并在过程中使自我和他人都受益的修行之路,漫长而艰难。

我写出这些内容,绝对不是想炫耀说,"你看,我对伦理多么坚守",而是我发现,不论修佛者的"持戒",抑或咨询师的"伦理",都是需要不时拿出来谈论和自我反省的话题。我作为佛弟子所受的"五戒"和"菩萨戒",以及身为治疗师所必须承担的"利益来访者"的责任和

"金钱戒"，归根结底都是某种"心戒"，是在道德和心性方面进行自我约束。不过，我自认为暂时没有做什么出格的事情，不代表我将来不会在无意中行出来，这一点我既然如此讲出，亦是欢迎读者、访客和同行们帮忙检查我的行为，促我不断自省和进步。我相信，如果在大众中间有一个对心理咨询行业"祛魅"的过程，假如大家都参与到对伦理的监察和讨论当中来，那么本行业在国内势必能更健康地发展。

2020 年 9 月 3 日

忍辱：接纳来访者的投射

> 我发现如果病人从他自己内部往外看时看到的是我［本人］，他会觉得孤独；
>
> 假如他向外看时看到的是［另一个］他自己在这个房间里，他便不再孤独了。
>
> ——菲莉斯·梅多[1]

在题为《雪中足迹》的自传当中，圣严师父专门辟出一章，描述他在台湾二次出家时的师父东初老人是如何"折磨"他。东初老人令重新剃度了的圣严师父在大房间和小房间之间反复搬来搬去；派他外出采购却不给他足够的车资，造成师父被司机赶下公交车，"实在是感到很羞耻和丢脸"；命师父写"骂人的文章"，写好了却又不将其刊登，反而责怪师父说"骂了这么多人，你造了很大的口业"；还曾经为了"三块瓷砖"而派师父到外面的商店和

---

[1] Meadow, P. (1991). Resonating with the psychotic patient. *Modern Psychoanalysis*, vol. 11.

工厂跑来跑去，把他气到"又累又沮丧"，让圣严法师觉得"我的师父发疯了"！圣严师父曾经认为东初老人"有双重人格""像恶魔"，但当他经受住了老人对其施行的"发疯"般的行为及其带来的巨大的情绪冲击，他终于了解到这是东初老人对他饱含苦心的"训练"。师父总结道："这种锻炼会把你的自我和傲慢逼压到无可遁形，然后就消失了……我有一个特性，会抗拒我认为是不公平的事情，会对我认为是不合理的事情而起烦恼。经过了东初老人的训练，我去除了这个习性，在面对人生时，少了些自我中心。"[1]

十年前当我在师父的自传里读到这些情节，觉得又好玩儿又对他充满敬佩。这种对身心实施双重折磨的"忍辱"训练，在真实去经历的时候肯定是一点也不轻松的，或许只有像圣严法师这样灵慧的大德能受得住。我当时心想：好在我不出家，不用接受这种"魔鬼训练"。不过法师们有时会提醒信众，作为一种修行，日常生活里也会有需要忍辱的情境。可到底什么是"辱"（是"羞辱"吗？），又如何"忍"法（要"忍"出内伤吗？），我一直是概念模糊的，直到在心理咨询行业里摸爬滚打了一段时间之后，直到今年，我才有了一点更深刻的体会。

---

[1] 引自《雪中足迹：圣严法师自传》，陕西师范大学 2009 年版，第 137 页。

年初我在学校的安排下，去一个接收长期精神病患者的医疗收容机构实习。我的病人当中，有一位年迈的老人，每次见我去了，他都很开心。可是他搞不清我的名字，尽管我从第一次面谈就自我介绍了，后来几次也每回都更正他，他还是会在楼道里哐当哐当地推着助步车跟在我身后，一遍遍地叫着："Jenny！Jenny！"当我们终于在精神病院的饭厅里坐下后，面谈的过程中，患者会拿起小勺吃面前的冰淇淋，然后在品尝冰淇淋的间隙里，偶尔才对我讲几句话。为了配合这一实习，当时学校里提供团体督导课。我跟那门课的老师叫苦："这个病人连我的名字都记不住啊，我还得更正他到什么时候？"老师笑道："对他来说，你就是Jenny，为什么要改正他呢？"针对我对病人总吃冰淇淋而不怎么讲话的抱怨，老师也指出："你不需要让他原原本本地把他的人生故事告诉你，他也不可能做到。对于一个严重退行的精神病患者，我希望你学会的是，哪怕他一直在吃冰淇淋，哪怕他只能跟你探讨他面前的冰淇淋，你也能够在你的椅子上坐得住。"

老师的话虽简短，却让我想明白了不少东西。佛教中"忍辱"的含义，按我粗疏的理解，是清楚地觉察和接受自己所处之境，并对外境不起嗔恨心。把这种状态迁移到心理治疗中来，则是清楚地觉察访客的所处之境，并且接受对方对自己的投射。在上面的例子当中，我一遍遍地纠正病人对我的称呼，其实是在打破他对我是"Jenny"的幻想，把我真实的身份强加给他。我这么做，只能让病人更快地意识到我与他以及他幻想世界或记忆中的人物的不同，会把他从我身边推得更远，对于治疗来说，是不可能有任何好处的。我的纠正，表面上看是在帮病人改正一个错误，实质上则是我对患者投射在我身上的东西的反抗，按佛家语汇来讲，就是起了"烦恼心"并付诸了行动。老师所说的想让我学会"坐得住"，除了指耐受患者的沉默，也提醒了我应该要耐心承受病人的投射。逐渐地我意识到，在工作中对病人的投射不起烦恼，回应但是不采取反应性的行动，是一件特别难但我必须努力去做到的事。它是一种修行，几乎可以对应于佛教修行里修忍辱的功夫。

因为我们每个人都想做自己，这是人的一种存在性追求，心理咨询师也不例外。生活中常有遭到误解的时刻，我们的第一反应通常是为自己辩解。这件放在生活里很自然的事，却完全不可能在心理咨询中——尤其是咨访关系还很脆弱的初期阶段——起到什么正面作用。这样的错误我在刚开始工作的一两年无意识地犯过很多次，基本上都是因为我"反应"得太快，来访者一说对我的工作或咨访关系有所不满，我就开始自我辩护了，说"怎么我觉得不是这样的呀"或"为什么你会得到这种印象呢"。那时的我自我感觉良好，还以为我这么说是为患者负责，是帮助他们对咨询过程有尽量客观的感受，避免他们过早地把我体认为生命中曾辜负过他们的不良客体。当然，效果总是不佳的。遭到我反弹的咨客们，即便没有当场离开，也都很快地跟我结了案。愚笨如我，终于有一天也意识到了自己的问题。再加上老师们也反复提醒：接受病人的投射！事实上这句话从学习精神分析一开始，一堂关于偏执妄想病理的讨论课上，任课老师在回答我的问题时就说了。但我那时的临床经验太少，认为老师说的只是针对我们当时所讨论的"病人有受迫害妄想"的情况。在那个案例当中，患者以为的迫害他的对象并非具体的人，而是一个神秘的声音或幻想出来的宗教人物。讨论过程里我觉得，嗯，接纳病人的投射也不难嘛，我只要在对话中既不肯定也不否定他们告诉我的这些事情不就行了。可是当患者告诉我的事情变成了跟我有关，我发现，接受投射这件事一点也不简单。后来在督导中和课堂上，老师们又反复提醒：不要试图改变病人的认知！这时候我已经懂了，来访者的认知常常包括他们对治疗师的体验，这一部分也是需要被承认和接纳的。

接受患者的投射，是非常具有疗愈性的一种干预手段。一个来访者去治疗师那里寻求帮助，假如他感觉到对方认同他的想法、感受，并且甚至与他自己是很相像的一种人，他首先会觉得熟悉和安全。这是一个稳固的咨访关系的基础。我偶然在美国现代精神分析学派的奠基人之一，菲莉斯·梅多（Phyllis Meadow）博士的某篇文章一个不起眼的地方读到了这句话："我发现如果病人从他自己内部往外看时看到的是我[本人]，他会觉得孤独；假如他向外看时看到的是[另一个]他自己在这个房间里，他便不再孤独了。"梅多博士概括得相当准确，来到会谈室里的人们，总是以自己已经熟悉的方式去体验和感受治疗师，这种熟悉的模式有可能源于患者自己，也有可能来自对他们的人生很重要的那些人，而心理咨询师必须成为患者需要其成为的那个人，必须能够在有必要的时候成为访客的"另一个自己"或是对方的"双生子"，才有可能促发来访者最大程度的信任并推动沟通循序渐进地开展。我失败的经验全都表明，试图去"修正"来访者对我的感受，去提醒他们，我与他们自己以及他们之前生活当中的人不一样，是我把我的看法抛给他们，强迫他们接受一个对他们来说其实很陌生的形象。这样做的话，病人不赶紧跑走才怪呢。

前面提到的精神病院里的场景，是一个中性的例子，但在真实的临床工作中，来自患者的投射是各种各样的。正面的投射发生时，我曾经很享受被来访者体验为一个温暖、知心的形象。可是这样根本不行，沉溺于患者的正面移情也是一种"反应"，它曾经让我错失过更深入地理解来访者的机会，使我把一个自我挫败型的患者误以为是抑郁型的，于是我持续提供的所有共情都变成了"过度共情"，导致病人发生了本来可以避免的过多退行和对我的过度情感依赖。

令人不舒服的投射也经常发生。作为美国的少数族裔，我有时会碰到对亚洲女性有恋癖的异性来访者。曾有这样的患者坐在我面前描述他对我的想象。我被感知为一个有优雅爱好的人，比如园艺、插花、织毛衣。这类理想化的叙述与我生活中半年都不进一次自家院子、能坐着就不站着的"沙发土豆"形象，距离了有十万八千里吧，但是这里面包含了患者的情欲性移情信息。碰到此类情形，我总觉得自己是在走钢丝，因为我既不能破坏访客对我的想象，以使其可以在对我的信任中不断地向我倾诉关于他自己、他的生活的想法和感受，还得维持好边界，控制住来访者投入进这种带有情欲色彩的投射的程度，以使其不至于将这些感受行动化。

最"可怕"的是，有时候，我需要在咨访关系里接受自己是一个不称职、冷漠甚至苛刻的人。由于疫情，我在精神病院的实习没能继续下去，后来不得不通过我的工作单位来进行。诊所倒是非常配合，按照学校要求，一下子发给我好几个患有严重精神障碍的病人。很快，我发现这几个病人全部具有偏执妄想的特点，而这一病理中最显著的防御方式即是投射。我觉得自己还没掌握好接纳和处理"原始投射"的技术（精神病患者的退行程度比较严重，因此使用的一向是原始的投射防御——相对于成熟的投射而言；好的亲密关系当中都含有成熟的投射），真是怕什么就偏偏来什么。很快，我就得跟白胡子老师去抱怨一个案例了，我说："我根本就还什么都没说，什么也没做，患者就拿我当一个不合格的治疗师了，刚刚才不过谈了两三次话，已经对我发飙了。"那场面的确很叫我害怕，病人连珠炮般地高声质问我："对于治疗复杂创伤，你在学校里都学到了些什么啊？！你到底有没有做治疗师的资质啊？你懂我刚才说的意思吗？你不觉得我比你懂的都多吗？我干吗要找你来帮我治疗？！"老师开导我："你不是必须跟攻击性这么强的来访者工作，但假如你想要学习如何跟他们工作，你就得明白，患者总是会把他们自己不想承受的感觉抛给你。"老师说话很讲究技巧，但我知道他咽下没说的最后半句是："你就得受着。"承受并去分析这些感觉，然后拿出相应的干预手段，也即患者当下最需要的东西。这位可爱的白胡子老师鼓励我："在攻击性强的患者面前，你也要显得强大才行。你要在你之中映射出他们自己，让他们觉得熟悉，然后他们才会信任你。"我记得我苦着脸叹道："可我一点儿也不强大啊，一有带对抗性意味的场景出现，我就想跑！"老师给我吃了定心丸，说:"别怕！我会帮你变得强大起来。"

我没有跑。在老师的悉心督导下，我接受了在这样一位病人的感知里，我就是一个不合格的咨询师：不但不关心这个病人，我也没能从学校学到足够多的关于处理心理创伤的技术。在这个过程里，我体验到了访客本人的无力感和自恨，与此同时，我按照老师教的，通过谈话技巧反射出了病人的攻击性所代表的高能量水平。患者真的开始对我建立了信任，越来越多地告诉我有关其个人历史和家庭历史的事情。了解得多了一点之后我才意识到，这是一个深深渴望感到被爱的咨客。假如我一开始便被这位患者的攻击性吓住，跑掉了，或通过其他方式拿出了"反应"（比如自我辩解）而不是"回应"，我失去的就不只是一个个案，而且也会失去深入地理解一个人的机会，我会一直以为这不过是一个喜欢以言语攻击他人的患者，而不太可能发现埋藏在这一病理之下的对爱的渴求。

虽然好像写了不少字数出来，但这个话题仍然远远没说完，它实际上代表了一个新手在成为有胜任力的心理咨询师道路上所要经历的多年磨砺。道理总是不那么难，但每个与我相遇的来访者都是不同的，用在一个案例上的方法绝对不可能完全套用在另一个人的身上。有时我觉得我像一条变色龙，每天的工作时间里，每个小时我都会变一次颜色。不是我真有不同的假面，而是我要尽力去接受并理解不同的来访者对我的差异化感知，因为他们感知我的方式，是我可以用来了解他们的一个窗口。如果我不接受患者对我的感觉，那便是在拒斥他们。"接受"仅仅是一个词语而已，最难的是，要心平气和地去承担患者需要我承担的那些令人不那么愉快的角色。

这实在是一场漫长的修行，我还处在非常初级的阶段。忘了是法鼓山的哪位法师曾经对信众开示：佛菩萨在人间的诸种化身，是陪众生玩一个游戏，因为如果直接开讲佛法的话，肯定就把多数人都给吓跑了。我想到《法华经·观世音菩萨普门品》里说：

> ……应以长者身得度者，即现长者身而为说法。应以居士身得度者，即现居士身而为说法。应以宰官身得度者，即现宰官身而为说法。应以婆罗门身得度者，即现婆罗门身而为说法……

观音菩萨把自己变成了每位众生的样子，然后她能够把他们渡到智慧的彼岸，这是饱含慈悲的做法。佛菩萨经化身而出现在人间，需要"忍辱"吗？我认为是的。正如东初老人，在他"折磨"圣严法师以达到帮师父去除嗔心和自我的目的时，未尝没有承受后者的不理解和怨怼。我接受的精神分析训练，要求我有能力把自己变成来访者需要看到的样子;多年前即受过的"菩萨戒",亦要求我勤修"忍辱",接纳身外境界中他人的感觉和情绪。这可能看上去像一场 cosplay 游戏,却更是以慈悲为怀来要求自我。菩萨的境界遥不可见,但我会努力,再努力。

2020 年 12 月 27 日

精进：体会来访者的感受

> 欲拟化他人，自须有方便。勿令彼有疑，即是自性现。
>
> 佛法在世间，不离世间觉。离世觅菩提，恰如求兔角。
>
> ——《六祖坛经·无相颂》

2018年夏天，我参加"法鼓山北美护法会"组织的朝圣旅行团，跟许多师兄师姐一起，去了台湾进行环岛游。行程临近末尾的一天，我们歇宿在花莲市内的一家宾馆。晚上在餐厅吃全素自助餐，我跟行程中一直与我较为亲近的、同是来自麻省的几位师姐坐在一桌吃饭。十天的旅行下来，我们彼此已经相当熟悉，在桃园、总本山以及台东落脚的那几天，我们几人都是在寺院的寮房里共享一个大房间甚至是一个大通铺。那天晚餐时，某位比我年长的师姐见我取来一杯冷饮，便语重心长地告诫我："你这样可不行啊，月经期间喝冰饮，以后上了岁数，到了更年期可是要得病的。"这种带有强烈主观色彩的关心在中国文化的语境里实在太普遍,一霎间,我把这位师姐当成了常常从自身观念出发而对我"谆谆教诲"的家中长辈,想也没想便脱口而出:"就算我将来得病,跟你有什么关系呢?"

话一出口,我便意识到失言,赶忙向对方道歉并解释,幸好师姐生性宽厚,后来也仍然对我很亲切。从佛家观点看来,我没能守住自己的"身口意",在上述情境中受业力驱使,无法自制地带出了身上的顽固"习气"。以精神分析的术语解释,当时发生的是一种"瞬时移情":师姐说的话令我以为,她就是曾以言语给我造成压力的家人,而我在应激状态下拿出来的应对方式,则完全是我对父母的顶撞和反击。这种反应模式是一种习惯,它不需要被思考,非常直接地就出现在了我的行为之中。

这件事我一直记着,并经常拿出来用以反省自己。旅程结束回到美国,已经错过了精神分析博士课程的第一周,我很紧张地投入学习中去。后来,那学期的一堂"精神分析基本概念"课的主题是移情和反移情。老师问大家有没有"瞬时移情"的例子,我便分享了这件给我造成很大冲击的小事。老师是西方人,有我所不具备的看待事物的观点,她说:"虽然你的反应方式显得莽撞且没有礼貌,但你那位师姐说出来的话,听上去就像在诅咒你一样啊。"

听了老师的话，我的自责稍微减轻了一点。可是自省没有停止，这不但是由于身为佛弟子，我需要时时精进，给予他人"方便"，而且也是由我的职业决定的：作为心理咨询师，我不能让自己有任何于来访者不利的无法自控的"瞬间反应"。

我所接受的现代精神分析流派的训练，鼓励分析师体验并在心里承认与患者坐在一起时被唤起的一切感受。白胡子督导曾告诉我：这些感受即是我们的工具，只有我们自己先无畏地领受了这些感觉，我们才能帮助来访者去面对并经历它们。不过经验和行动绝对不是一回事，分析师所要做到的，是如深流之静水，什么都看得见，什么都领会到，但他们只是以心感受并以头脑去分析，而不会像我在上面的例子当中所做的，以行动去对情境做出反应。在上面的情境中，我是"心随境转"，亦与佛家教导的"境随心转"背道而驰。

这种不断精进的朝向心内的修行，根本不像我在上面这段话中概括出来的这么简单。从那次旅行到现在，两年多了，我在工作中经历了难以计数的情感风暴和内心挣扎。由于诊所的病人大多经历着许多带有深层社会、经济原因的结构性的不幸处境，如失业、种族歧视、家族酗酒或药物滥用史、家庭暴力，等等，我逐渐发现，被分发给我的患者只有两种类型：精神病水平和边缘水平[1]。处理严重的精神病和人格功能缺损自然跟治疗单纯的抑郁或焦虑不一样，是件很不容易的事，没办法，作为新手我反而没有选择病人的权力，只能紧着头皮硬上。可是在临床治疗中，越是严重的病理越是会唤起治疗师心中强烈、原始的体验。我牢记着2018年那次旅行给我的教训，时时提醒自己：我的工作是感受、体验并分析临床素材，而不能以行动去对患者的话语或行为进行反应。

我发现当被触发的感觉是紧张、不自信、无助、绝望或愤怒的时候，我还比较能于体验情绪的同时在心内维持一个观察与分析的功能。在我的工作里，最难处理的感受是恐惧，而且是那种最原始的恐惧。诊所的这份工作已近三年，基本上都是有惊无险地度过，但也有一次，唯有那么一次，我出现了与2018年在台湾时类似的反应，而且给我的内心造成了比那一回更为巨大的震荡。

这件事与恐惧相关。疫情期间，我与一个只远程谈过两三次话的新病人进行"电话面谈"。当我就访客讲述的内容很自然地问出一个问题，期待对方进行澄清和补充的

---

[1] 在精神分析的诊断体系当中，由神经症水平（neurotic level）至边缘水平（borderline level）再至精神病水平（psychotic level），构成了一个人格功能的光谱。这个光谱从左往右，人格功能和客体关系水平越来越低。人格处于边缘水平的个体，往往具有不稳定的自我及客体关系，而精神病水平的个体则在许多情况下认知和情感都与现实脱节，也即是通常意义上的精神病患者。

时候，毫无预兆地，她陷入了歇斯底里的狂暴。患者突然提高音量，似乎用尽了全身的力气，对我嘶吼起来，说我不相信她，云云。病人随后在电话里吼了些什么，我根本不记得，同时，我也记不清她高声对我叫喊了多长时间。后来我只记得自己跟对方说"你说得都对"，才把她的情绪平定下来。病人从那次过后倒是一直很平静，不平静的是我。从她对我大吼的那一刻开始，我便在胸口感受到尖锐的疼痛，仿佛一把锥子扎了进去，这强烈的痛感直到第二天中午才消失，但是之后每当与这位患者通话，痛觉都会再度出现。我意识到，这个病人触动了我自己的创伤。在与这个遭受家暴的来访者的治疗工作中，她很迅速地在我身上了复现了她曾经历过的施受虐模式。一般来说，当暴力幸存者寻求心理治疗时，有好几种模式可能会在与治疗师的关系中出现：患者可能把治疗师当作拯救者、施虐者或被虐者。这些模式并非单一，有可能随着时间推移而发生变化。很不幸，我的病人在治疗甫一开始就把自己放在了施虐者的位置，我成了她以言语虐待的对象。患者的情绪爆发到底持续了多久，我一点印象都没有了，因为在那时，我为了"拯救"自己而丧失了时间感，发生了暂时性的解离[1]。在病人对我嘶吼的当下，我猝不及防地一下子

---

[1] 解离（dissociation）：临床心理学术语，一般指在应激情况下与当下环境产生情感分离，或失去真实感甚至人格瓦解。

被带回童年，变为一个孩童，面对着突然间表情由晴转阴，爆发出愤怒的家长。然而这个孩子是慌张失措且十分困惑的，因为她完全不明白父母为什么会骤然对她生气。

反思令我明白，我体验到的锐痛，亦是病人长久以来的感受，因为我大略了解她动荡的童年和新近所遭受过的暴力，我在回忆中看到的那个恐惧于父母暴烈情绪的小女孩儿，是我也是她。人格缺损的咨客，通常无法以语言清晰地表征出自己心内破碎、不安、痛苦，甚至近似风暴般的感受，因此他们多是通过行为来令身边的人——当然也包括他们的咨询师——体会到他们复杂、难言的情绪。说着仿佛轻松，可在患者和我的关系之中，结结实实地承受疼痛的是我，并且不期然，我自己过去的创伤体验重新被启动。在巨大的恐惧和强大的习惯性力量驱使下，我丢失了身为治疗师的功能；"你说得都对"和"好，你说什么我都答应"，是出自童年时期面临危险的应对方式。那个孩子她知道，只有如此顺从地回应长辈在愤怒中抛在她身上的口不择言的话语，才能尽快使他们平息下来。

尽管我所回应的"你说得都对"令病人在当时平静了下来，它却不是正确的回应方式。白胡子督导（这时我已完成学校的实习要求，聘请他当我的私人督导了）告诉我，我应坚定地对这个患者说："你不能这样与我讲话，这不是做心理治疗而是一种言语虐待，如果你还不停止对我大喊大叫，我就会挂掉电话。"理智上我也知道这才是合理的、设定界限的、有治疗效果的回应方式，但事情突然发生时，我在毫无心理准备的情形下"丢盔弃甲"，未经思考便诉诸自己此前熟悉的防御模式。这位老师曾经提醒我，弗洛伊德早就指出过，人们不是依靠语言进行记忆，而是通过行为。我之前一直把这句话放在来访者们身上，到了这件事发生后，我才真正明白，没有例外，我们每个人都是这样，包括经验未满的咨询师，在真实的应激场景中，每个人都会未经思考地拿出其最熟悉的反应方式。我问白胡子督导："那我怎么做，才能使这类场景再出现时，我的疼痛能不那么剧烈？我要怎么帮助自己，才能让我自己在这样可怕的情形再现时，变得更有准备一点？"老师沉吟了一下，语重心长地与我交心。他使用了"突袭"一词，说："面对这样来自患者的突袭，我们永远都无法做好准备，因为它必定是极其突然的。能帮到你的只有时间和经验，随着你面临此般攻击的次数越来越多，你的疼痛会逐渐变得缓和。"不过老师又说："但是你的疼痛一直都会在，而且你必须得一遍遍地体会它。这就是这一类患者与你沟通的方式，只有当你体会到了他们想让你体会的情绪，你才有可能帮助到你的病人。"

这个经历令我想到瑞士心理学大师荣格所谓的"受过伤的疗愈者"（wounded healer），尽管我从没以"疗愈者"

自居过。引申一下的话，我觉得"受过伤"不仅指临床工作者个人历史中的创伤体验（我认为，事实上，由于创伤体验的主观性质以及人的存在性处境，人生就是一个不断遭遇创伤并去处理它的过程，完全未曾经历创伤的人并不存在），也意味着治疗师会在与患者打交道的过程中受伤。在前述场景中我被病人触发的疼痛之所以延续到第二天，甚至后来每次与之通话都复现，自然由于访客本人的创伤历史过于复杂和沉重，更重要的，也是因为病人的情绪炸弹在我心中引发了关于死亡的恐惧。反复思考该个案的过程中，我发现，病人强大的强迫性重复式情绪爆发所代表的她的死本能，驱使我无意识地拿出了"生存本能"般的反应方式。而这件事对我的震动这么大，根本原因在于它其实是一场有关生死的争斗。我意识到，患者在潜意识中很可能是想要我死去的——正如曾虐待过她的人或许是想要她死掉——而我得活着，我想在这场"战争"中幸存下来，并且我必得活着，才可能以我的求生欲望（亦即生本能）去帮助患者扭转那暴烈的指向毁灭的驱力。

临床工作中有关恐惧的体验未必都是如此强烈，但在和缓的心境中，反而可能埋藏更深层的骇人感受。去年为了完成学校的实习要求，我一下子接收了好几位心理退行严重的精神病患者。与其中一个病患的工作令我觉得十分无聊，一到与他谈话的时候我要么感到昏昏欲睡，要么就不由自主地头脑放空，以至于我不得不在每次面谈开始前，先去卫生间拿凉水抹把脸。一次临床讨论课，老师讲自己的经验，说某次面对一位病人的时候，脑中突然浮现出一个场景：一个婴儿孤独地躺在摇篮里，周围没有人陪着她。老师说这个画面使他了解了患者在婴儿期经历的孤独和被遗弃感，于是他便想出各种办法来"娱乐"患者，帮助她进行语言表达。当时我问："为什么我很少有这种时刻呢？这是由于我的患者跟您的不一样，还是我的经验不足，又或是您的病人都躺着，而我在诊所的病人都只能坐着跟我谈话？"老师安慰我，说："当病人采用躺椅的时候，你肯定也会更放松，脑中自然能捕捉到更多的信号和线索。"很快，由于疫情，令我"犯怵"的患者也有了躺下来谈话的条件。在持续感受了好几个月的无聊之后，终于有一天，在某次谈话中，我脑海里产生了一个安静的画面：一片黑暗、无名的海域上，漂浮着一块模糊不清的物体，像是某种残骸。对这一场景的反刍使我得出了惊人的结论：在我放松状态下进入我眼前的画面，是患者的移情体验在我这里得到的一个表达，我看到的不明物体，是在患者的感受中处于"共生"（symbiosis）状态里的我与其本人。

这个画面里有丰富的信息。它既明确地告诉我病人曾体验到的被抛弃感，也象征了他对爱与沟通的渴求。而那片黑暗之海，明明确确就是访客的潜意识领域。得到这个画面并非偶然，患者实际上在几个月前的谈话中就提到过"大海"的意象，但是必须等到无聊得近乎痛苦地倾听了他接近一年，在对他的叙事风格和关系模式都有了一定程度的了解之后，我才获得了这个重要的画面。从那时起，这个案例一下子让我觉得十分有趣和有意义，面谈时的无聊感也减轻到几乎消失了。我发现，无聊是我对一些更深入的感受的反抗。那我反抗的又是什么呢？随着工作和督导的推进，我认识到，病人为了保护自己和他人，形成了与自身内部毁灭性冲动的隔膜，这导致病人自己丧失了一大块作为"人"的感受。而身为他的治疗师，我不可避免地被卷入到这种"非人"感和"湮灭"之中，为了对抗这种对我自身的存在进行否定的可怕感受，我便在意识层面体会到许多许多的无聊。

在结业的案例报告中，我写道："最初我一点也感受不到病人所自述的抑郁情绪，曾经感觉他不像一个真实的人。可是病人以他的创造力帮助了我，他无意间提到的'大海'成了我理解他的关键点……到了这时，我终于发现，他有血有肉，有欲望，也有幻想和感受，最重要的是，他有一颗富于创造的头脑。还有什么比富于创造性的头脑更能定义人性呢？"我的论文得到了老师的高度赞扬，他很兴奋地大晚上发邮件告诉我："你一定要把这篇论文发表出来!"我也很兴奋,作为新手咨询师,这是我第一次在一个相当有挑战性的个案当中修通了我的反移情体验,并做到了老师们时常提醒的"利用你的感受去与病人工作"。当然,这种修通是暂时的,患者与我的关系并不是恒定不变,在这个案例中,将来仍会有未知的挑战在等着我,精进仍是我的功课。

日日倾听的工作中,随着自己越来越能捕捉到来访者所讲述内容的隐微之处,我观察到一种强烈又柔和的悲痛从心中生出。顺便说一句,学习精神分析令我深深懂得,为什么悲剧最动人,哪怕高级的喜剧,也总是有"带泪的微笑"。我的访客们体会到的所有的痛苦,以及我被唤起的那些疼痛的感觉,是每一个活着的人都必定会经历的,也是每个活着的人都要独自去面对的,没有人能够代替另一个人去承担。白胡子督导曾告诉我:活着本身即是冲突。人生的功课,尽管我们把前贤的智慧都印在书上,也还是要有一个又一个个体的人、个体的"我"去一点点探索和学习,因为从书上得来的东西不可能真的属于我们自己。我们作为个体去一遍又一遍地体验痛苦并从中学习人生智慧,这里面有一种悲壮感。这或许就是生而为人的价值和意义吧,我觉得。

2021 年 2 月 14 日

禅定：临床工作里的"禅坐"与观照

> 初于闻中，入流亡所。所入既寂，动静二相。了然不生，如是渐增。
>
> 闻所闻尽，尽闻不住。觉所觉空，空觉极圆。空所空灭，生灭既灭。
>
> 寂灭现前，忽然超越。世出世间，十方圆明，获二殊胜。
>
> ——《大佛顶首楞严经·卷六·观世音菩萨耳根圆通章》

学习精神分析以来，我读到的最令我感动的案例，来自去年春天的临床讨论课指定的一篇文章。在《咨询室里的炸弹》[1]一书的第二章中，英国精神分析师布雷特·卡尔（Brett Kahr）讲述了他治疗一位有着强迫性吐痰习惯的精神病患者的过程。说实话当阅读作者冷静地描述这位几无

---

1 Kahr, B. (2019). *Bombs in the Consulting Room: Surviving the Psychological Shrapnel*. Routledge.

生活自理能力、基本不具有语言功能并且客体关系[1]水平极其原始的病人如何在他的办公室内到处吐痰时，我脑中不由得出现布满痰液的电话机、地毯、写字台、沙发这样的画面，于是全身充满不适感。但通篇读完，当我看到这位分析师是如何运用精神分析理论作为工具，去理解这一没法以语言表达有意义内容的病人通过吐痰行为所传递的意义（文中讲到，患者通过吐痰来为自己划定心理领地且与事物建立关系），当我看到分析师以深刻的慈悲去接纳患者的病态行为，并最终通过八年的艰苦工作帮患者改善了恶劣的情绪和攻击他人的惯性，我陷入了深深的感动和思考。

身为精神分析的新手，我觉得我在工作中远远做不到卡尔博士的地步，哪怕将来，我也不一定能做到。在上述个案中，卡尔博士其实是达到了相当程度的禅定状态，才能够把普通人的分别心放在一边，把这样一个大约许多同行都会避之不及的患者真正当作一个人来对待和尊重。"禅定"作为一种修行次第，在"六波罗蜜"中排在"智慧"之前，可见它是获得智慧的必由之路，不可绕过。但

---

[1] 客体关系（object relations）：精神分析术语，指一个人与他人建立关系的模式。这是一个抽象概念，一般指从幼年开始形成的让他人进入（或不进入）自己内心，与别人形成联系的方式，因此它通常不指代任何具体的人际关系，而更接近对个体人格的"可与他者关联性"的一种描述。

禅定很难，它需要我们能够安静地专注在安定之中，心不去抓取任何东西但同时又能观照到一切。

皈依三宝十几年了，禅定对于我始终是个不可即的遥远目标。我很清楚所有的日常修行都必须指向禅定的境界，也知道练习打坐有助于到达那里，但不得不承认，打坐以及它所代表的禅修仍然时时令我心生畏惧并因而却步。由于天生脊柱缺乏曲度，我从十二三岁起就苦恼于腰肌劳损的问题。所以每次在方垫和蒲团上盘腿坐下，我首先会因腰部缺少支撑而不适，接着很快就是越来越剧烈的疼痛。在这种情况下，我总会分心于身体的感受而难以专注于呼吸。在漫长的尝试打坐的过程中，最神奇的一次是在法鼓山。那天早上，我们被法师叫起来去禅堂坐半小时的禅。我心想：算了，我就忍半小时的腰腿疼吧。然而那天我既没有腰痛也没有腿疼，我感到自己的后腰部位被一股柔和的力量轻轻托住，轻柔且温暖，而腿的感觉则消失了，仿佛我根本没有腿一样。我悄悄对这里的护法菩萨感恩，他们帮我拥有了禅修的正面体验。

可在生活中我难以精进，孩子和琐事都太容易成为松懈的借口，日常修行中的坐禅对我仍然是千难万难。因此当我无意间发现精神分析临床过程与禅修的相通之处，便开心地想：也许我可以曲线地实现禅坐般的修行。最初，是在 Dr. K 办公室的长沙发上。有一天我说了一段话之后，突然意识到了满室的寂静，便扭头去看分析师在做什么。没想到，Dr. K仍然以谈话刚开始时同样的姿势安静地坐着，虽然并没与我交流他在彼刻的所想，但我一下子直觉到他对我讲话内容所投入的专注。那一刻，我强烈地感觉到当分析师坐在我的后脑处，他就像是处于入定状态中的一尊菩萨。至少在与来访者共处一室的工作时间内，分析师暂时地消融了他的自我，允许另一个人占用他的内心领域，并观照着另一个人在其中的涂画。这不仅是入定，而且必然是慈悲的入定。那时候我还在社工学院跟不喜欢的课程不屈不挠地作着斗争，这一瞬间的体验更加坚定了我要投身于精神分析的决心。

所以精神分析工作就是摒除了腰腿疼的禅坐吗？我觉得不能这么简单地类比。禅坐的修行肯定是无法被我目前工作中的"坐功"所取代的，但钻研精神分析确实能加深我对禅定的理解，并使我以禅修中的一些原则反过来敦促自己专注地与患者在一起。在《楞严经》这部伟大的大乘经典里，佛菩萨们与一些著名的修行者集会在一起，宣说了显密各派的二十五种修行法门。九年前的冬天，当我坐在纽约"法鼓山"东初禅寺的禅堂里听果醒法师宣讲楞严，听到说观音菩萨的实修方法被称作"耳根圆通"时，顿时心生欢喜，觉得那就是我此生要修习的法门。那时我还不知道，此后的生命中，我会逐渐离开原有的职业轨道，最终成为一个日日通过"耳根"来倾听他人的临床工作者。随后几年里，《楞严经》第六卷中"入流亡所"这四个字，法师在不同场合反复阐释过许多次。我已记不清法师具体怎么说的了，不过如果"入流"指的是融汇进能够闻声的广大法性，如果"亡所"是说将声音的所指消融掉，那么在理想状态下，精神分析工作的确使人接近"入流亡所"的禅定。

临床工作中接触的患者，大多早在前俄狄浦斯期的发育阶段就没有得到足够理想的养育，造成的现实是，来到我办公室的人们，许多都是以边缘的人格水平——也即不成熟的人格——在面对这个复杂的世界。这些患者通常不具备表征心内混乱景象的能力，容易受较为原始的冲动性的驱使，内心冲动转化为行动的过程发生得非常快——因为过程中缺少"思维"这一环的联结。在这种情况下要做到接近禅定的状态，对心理咨询行业的新手来说会非常难。别说"亡所"了，我经常碰到的困难是搞不清楚这个"所"是什么。给我上课的老师们全都振聋发聩地提醒："你要耐受不确定性，要接受这个时候涌现出来的'不知道自己在做什么'的这种感觉，这是病人内心的混乱在你身上的映射。跨过这个难关，才能帮助到你的患者。"问题是冲动性强大的病人多数都不会给我这个时间（本质上亦是他们对自己没有耐心）去等待意义逐渐浮出水面，明明咨访关系才刚刚展开，治疗就由于患者的离开而结束了；我们真是生活在一个相当急切、急躁的年代。在诊所工作期间，我的失败案例基本上都是这种情况。这个时候，白胡子督导会劝我："这些个案本来就非常具有挑战性，失败的比例很高。病人如果真的想疗愈，还会继续找到下一位治疗师，他们留在治疗关系中的时间会越来越长，直到他们遇到他们的最后一个治疗师。而你，既是某些人用之即弃的治疗师之一，自然也会成为一些来访者的最后一任治疗师。"

督导说得很对，实际上他的态度里也蕴含了禅意。从佛家观点来看，众生本来是佛，也终将成佛，只是有早有慢，取决于每个人如何对自己的一言一行（也即点滴的修行）负责。心灵的治愈，也是同样的一个过程，无论是否通过精神分析来进行，每人也都需要对自我意识当中的"我"负责任。就这样，尽管我曾发愿，我不希望成为对来到我面前的人们没有帮助的"又一个"治疗师，但几年下来，我已能心平气和地接受，我很可能就是那"又一个"。但是没有关系，所有的面谈经验都会有助于这些访客，所有曾付出的努力都不会白费。

来访者的急切当然也会感染到我，尤其在新手时期。我记得在诊所工作的第一天，碰到一个病人，一上来就把她所有关于生活的焦虑都倾倒在了我身上。我心里马上急得不行,担心要是不能帮她缓解焦虑的话,她就不会再回来了。然后我就在这个初次访谈中间开始教患者做深呼吸和打坐[1]了。结果呢?我后来再也没见到过这位患者。我在那年秋天入学后才有机会听到老师们的话:"你要允许病人充分地表达和体验他们的负面情绪,也得允许你自己去体验他们的情绪,千万别陷入解决患者所提表面问题的工作模式。"这句我后来反复听到的话非常有道理,因为心理治疗的目标并不是帮咨客解决生活中的任何具体问题,没有任何一位治疗师能够真的在现实层面帮来访者做什么,但一个被疗愈的访客则可依靠完善起来的内心去为自己的人生做更好的决定。尤其在以"说出一切"为口号的现代精神分析学派中,我们全部的具体工作都是帮助患者进行口头表达,因为本流派的理论认为,"说出即是治愈"。这很显然需要分析师去沉浸于病人的全部感受之中,主要是负面感受(可想而知,不受负面情绪所困的人一般也不会寻求专业帮助),与此同时还要从这种沉浸式感受里去提取对患者的理解。可是要想做到这一点,难于登华山,需要禅定般的持久定力和清朗境界。

最挑战我定力的一个个案唤起了很多已经被我有意遗忘或压抑的痛苦感受。今年春天独立执业后不久,毫无准

---

[1] 打坐:这个词在心理治疗的语境里并不指"坐禅",而是伴随着深呼吸的一种静坐,是正念治疗的一个方法,操作起来也不需要盘腿。

备地，某位年轻来访者令我想起了二十年前的我自己。患者的文化背景、族裔、语言、成长环境，都和我自己的迥异，但他却在跟我面谈时，以我的第二语言郁郁寡欢地诉说着我十几、二十岁时的那些只能流向内心的话。我惊异于人生际遇的神秘，生活竟然能让我在一个看似如此不同的人那里看到我自己。随之而来的则是疼痛，每当患者说出一句能唤醒我青春期记忆的异常悲观的话，我便在心上感觉到一次尖锐的痛感。我有强大的想帮助这个深陷绝望的访客的动力，我体会到自己的冲动，特别想告诉他：你现在正经历的，我都经历过，并且我的经验证明，生活中会有意想不到的惊喜，所以要保持对生活的好奇心，一定要活下去。好在我能够觉察自己的冲动而不将其变成行为，所以并没有在患者面前进行这种实际上不会有什么意义的自我暴露。

见白胡子督导的时候，我已因为这个案例而处在抑郁的边缘，我问："为什么我这么快就碰到这样一个临床情境，提醒了我关于我曾那么努力才克服掉的痛苦？"督导一方面安慰我，说："我们每个人在职业生涯里都会遇到至少一个这样的个案，它让我们回想起过去那么痛苦的自己。但是早遇到比晚发生其实更好，因为你可以及早处理自己在工作中的障碍。"另一方面，他对我也相当严格，很严肃地问我："在这个案例当中，你为何不能允许自己去充分体会病人的，也就是你自己曾有过的那些痛苦感受呢？"我告诉他，因为那些痛苦具有吞噬性的力量，我用了那么些年、那么多努力才终于变成今天的自己，而且至今，每当生活中仍有心灵的疼痛发生，我都没法完全确定，我为成长所付出的巨大代价是否值得。督导点点头，又对我说了一些肺腑之言。他最后告诉我："如果你想帮到这位病人，你就必须让自己再去体会那些曾令你极度痛苦的感觉，但要记得，你已不是二十岁的你，现在的你拥有了更多正面的人生经验。同时你还要在工作中帮助这个想自杀的患者去表达他对死亡的想象，你要问他，他想实施的自杀计划的具体步骤是什么，这既能使你有机会评估他的自杀风险，也是一个帮他建立幻想能力，也即建立人生的意义的过程。"

老师的话很深刻，充满了高级的辩证法。我明白，我必须在面对患者的时候"入流亡所"地同时看着他的痛苦和我自己的，允许患者表达，也允许我自己暂时地重又回到二十岁时那个几乎将我吞没的黑暗世界；我必须克服自己对病人将自杀计划付诸行动的可能性的恐惧，邀请他一点点地告诉我：你想怎么做，你觉得死后会发生什么，死后的世界是什么样的，等等。我也必须把自己曾有过的对死亡的想象与患者的想象区分开来：这个来访者毕竟不是我，我不能让自己的情绪干扰我对个案走向的判断。这等于是说，在没有能力禅定的时候，为了工作能有效推进，我强迫自己进入了一个表面上近似于禅的状态。很幸运，我有惊无险地度过了工作上的这次危机，成功帮患者平息了自杀的意图。

写到这里我想，有可能，精神分析工作要求我成为一本书。它内容丰富，能随时打开亦能让自己在必要的时候关闭所有书页。我有时沉默，有时需要开口，所有的所有都意在促进来访者的自我表达。这份工作当然也要求我有一定程度的"禅坐"功夫，得能坐得住，为病人创造出一个"什么都可以说，但什么也不要做"的环境。每天打开办公室的门，虽然即将见到的可能是已经见过很多次的来访者，却也都充满惊喜，因为每一个人生都是幽深的。我感恩于生活，它令我始终对它保有好奇。

2021 年 6 月 30 日

智慧：仅有慈悲是不够的

> 有诸众生我说生苦，而不听受老苦病苦，
> 忧悲之苦，怨憎会苦，爱别离苦，死灭之苦。
>
> ——《僧伽吒经》

> 揭谛揭谛，波罗揭谛，波罗僧揭谛，菩提萨婆诃。
>
> ——《般若波罗蜜多心经》

上个月我去医院门诊做一项检查，碰到一位亚裔男住院医师[1]做主操作员。不知为什么，我觉得他在向我自我介绍以及与我核实姓名、出生日期等信息时显得有些奇怪。尽管不是在妇科，做检查仍需裸露身体的一部分敏感部位，我倒没觉得有什么，但这位医生一边操作手中仪器一边与我对话时，却总显出些微迟疑。他在带教老师的指

---

[1] 住院医师：美国医生培训过程的最后阶段，已拿到临床学位的医学生会于医院或诊所在自己选择的专科领域内继续进修，其工作接受资深医生的监督和指导。

导下完成操作，跟着老师离开诊室的时候，甚至连再见都没说，好似逃离一样，这一点在美国的就诊环境里并不寻常。回家路上我还想着这个医生，忽然间，一个线索闪入脑海，我记起这位中年住院医师其实是几个月前曾给我发邮件询问心理治疗事宜的"潜在来访者"。

虽然那时我工作特别忙，不得不婉拒这位求助者，他最初的邮件我也早已删掉，但我隐约还记得他的"拼写奇异"的姓氏。我坐在车里回忆，想起了他在信中描述的身为已过中年的住院医的事业压力，作为外国人在美国为生存和身份而不能停止的挣扎，以及家有完全依赖他的妻子和幼儿的窘境。之所以会对这个求助者留下印象，可能是因为他表现出来的克制和礼貌，即使遭到了我的拒绝，他仍然马上回过来一封彬彬有礼的邮件，感谢我及时告诉他我已没有多余的咨询小时。

一时间我感慨万分。幸好，我在医疗程序进行当中并没想起来这件事。这位医生和我从没有结成过临床工作的咨访关系，所以他给我体检并不构成什么伦理问题。但就像他面对我时很不自在一样，假如我预先知道这个医生曾是自己的"潜在病人"，我大概也会在这次本来就不轻松的活组织取样检查过程中更加不自在。因此我的感慨主要是关于这位医生冷静的职业面具下，常人难以想象的压力和心灵痛苦。我记得当时拒绝接受他成为来访者的主要原因是时间的冲突。他在信中说，由于工作安排开始得很早又结束得很晚，他只能在晚上七点以后来面谈。可是我本人也有家庭和孩子需要照顾，工作到晚上六点已经是我的极限。那时回信婉拒医生的问询，只是出于我给自己规定的"每问必覆"的工作流程，没有多想。然而体检完毕，我一边开车一边想起几个月前的邮件往来时，心里不由得一阵阵地涌上没能帮助到他的遗憾：医生口罩上面明亮的眼神，白大褂反射出来的清洁和神圣，都与他在邮件里自述的痛苦形成了非常大的反差。

医生被我无意间目睹的反差，昭示着他作为一个人所背负的巨大冲突。事实上，我们每个人都和这位医生一样，不得不在生活中负重前行。人生确实如佛经中所言，充满了苦：苦涩，苦恼，痛苦，老病苦，忧悲怨憎苦，爱苦，别离和死亡自然更苦；同时也充满了对幸福能够永远持续的无边幻想和徒劳追求，而这亦是苦。个人以为，人生的一个根本冲突便来自对"苦"的拒斥和对"乐"的向往。我最尊敬的老师曾语重心长地告诉我："活着，就意味着冲突。没有冲突就也没有'人'了。"进入心理咨询行业的初心和现在的理想，对于我，都是一件从没变过的事：帮助人们一点点卸下重担，缓解冲突所造成的痛苦，以使他们和我自己都获得心灵的自由。这个目标，即是大乘佛教倡导的"自度度人"和"自利利他"，也是"大慈大悲"。

这是一个相当宏大的理想,为了实现它,绝对不能"盲修瞎练"。其实我从没在临床工作中意图"盲修瞎练"过,但很显然由于缺乏智慧,曾不知不觉进入了盲目的状态。盲目的标志之一是提供过多的慈悲,以心理治疗的术语说便是"共情",这一点不仅针对我本人,对所有新手以及训练不完备的咨询师(跟工作年限未必有关系,我以前在诊所有个不走心的老同事也这样)来说,都是常见的陷阱。曾有一位患者,跟她在一起面谈了十个月以后,我才通过逐渐浮出水面的防御方式判断出她是"自我挫败"的人格类型(以精神分析诊断体系的划分,也即是"自虐型"人格)。很快,我开始自责在长达十个月的时间里提供了过多的共情。我的共情对于一个抑郁型人格的患者来说,或许恰到好处,但对这位倾向于通过自我情感虐待来获得道德优越感的病人却是有害无益,反而导致了她对我的过度情感依赖,并且加速了非必要的心理退行。我的经验说明了精神分析所强调的中立原则从咨询一开始就必须施行的重要性,因为在早期,咨询师对病人的了解极其肤浅、有限,一下子给出好多"共情"实际上很容易出错。当督导提醒我与这类病人保持严格边界和中立的必要性时,我连连点头,想起了我去过的那么多佛教庙宇。在佛寺里,见到佛像前,人们总会先遇到怒目的金刚。金刚力士们均是菩萨,他们为什么要怒目,"作极忿怒之状"呢?

这当然是因为,对于有些众生或处于某些阶段的所有人,"忿怒之状"才是与之相应的,慈眉善目没啥帮助。于是我开始慢慢接受,在临床工作中,我表现出来的样子,不应总是"春风化雨",而应该"相应"于每个人的具体情况,有时候——主要是在治疗人格障碍的时候——确实得中立、强硬甚至显得不近人情。但在新手时期,虽然我赶着自己这只笨鸭上架,在督导详细指点后基本能装出"怒目金刚"的样子,心里面却总是咚咚地在打鼓。一次,一位访客听到我以不含感情的语调抛出的,意在处理他的"毁灭治疗的阻抗"的阐释后,突然崩溃大哭,而且冲动地跑出了咨询室,把我吓得够呛。上课提及此个案时,我很紧张地问满头白发的 Dr. N:"我是不是做错了?即便是为了暂时性地解决病人破坏人际关系的强迫性重复模式,我是不是也不该提出这个诠释?"睿智的老奶奶不疾不徐地对我笑:"病人的反应说明你做对了啊。崩溃的痛苦正是一直以来他内心的感受,你帮助他把这种感觉表达出来了,这件事于治疗有益。"

夏天刚来的时候,我和白胡子督导商量休假的事,诉苦道:"您知道吗?打从去年圣诞,我就没再休过假,夏天我可要好好休息一下了,但又苦于难以安排。"督导问我难在哪里,我告诉他:不少病人都选择隔周才来咨询一次，所以我一旦想要给自己安排一个长假，就会导致这部分患者在长达三四周的时间内都没法见到我，也会使我自己需要面对一个混乱的工作时间表，休假后得过上好几周才能调整至一个新的平衡状态；人们都活得好苦啊，我真的不忍心让访客连续好几周都见不到我的踪影。督导严肃地批评我，说："李女士，我命令你必须休一个两到三周的暑假！两周是我们能够得到休整的最短时限，像你在圣诞节那样只休息一礼拜，根本不会有任何效果。"他跟我强调："你必须首先照顾好自己，才可能照顾好你的病人。"那这些由于种种原因而选择两周才来见我一次的患者该怎么安排呢？督导把他多年积累的经验和智慧传授给了我："你早就懂得，这些都是病人的阻抗。人人都知道一周咨询一次是最常规也是最有效的，他们既然选择了较低的面谈频率，也就需要承担你休假时三四周见不到你的后果。解决这个阻抗并不难，你去告诉那些你觉得有必要调整谈话频率的病人，从现在开始你不提供隔周一次的面谈了。"真有这么简单吗？我将信将疑，但当我去一一跟访客告知，我发现，真的就这么简单。不过这里面的智慧可一点也不简单。

还有一次，一个冲动性非常强大的新患者在面谈前一晚给我发来邮件，说要"暂停"治疗。我赶紧给学校派给我的导师打电话讨办法。我说："虽然病人说是'暂停'，但我觉得他就是要结束才刚刚开始的咨询。而且病人选择给我写邮件而不是打电话，明显是拒绝跟我直接对话，在躲着我。这可咋办啊？"正在外面散步消食的老师慢悠悠地答道："我告诉你呀，你给病人回信，说你不接受写邮件来取消咨询，必须通过电话。等对方打电话来了，你就说，做这种决定是需要双方好好谈一次的，劝他至少再来一次。这就是解决这个患者'破坏治疗的阻抗'的办法。"我听到，一喜，感觉自己又被传授了智慧。

后来我就越来越清楚了，共情体现在我的工作中，并不是低眉顺目，或陪伴患者停在舒适区静止不动，真正的慈悲，是要在不打破工作伦理的前提下通过任何可能的方式，来推动访客在通往心灵自由的路上发生进步。学校的咨询中心曾给我发来一个极其抗拒治疗的病人（这种情况并不罕见，实际上大多数人起初对心理咨询的态度都会摇摆不定，只是表现程度不一），首诊五十分钟，只谈了十五分钟他便要求挂断电话。患者说："我根本不想来呢，家里人强迫我来的。我觉得我啥问题也没有。"我其实在十五分钟里已经听出了来访者关系模式里的一些问题，但我没有试图给他提供"心理教育"以让他意识到咨询的必要性，反而也以轻松的语气说道："那好啊，你没问题我可高兴了，心理咨询本来就是为了让人变好嘛，不是要把谁拴在这里。"在那时，我"共"的是访客不想咨询的

"情",也即让自己临时性地"加入"了病人的阻抗。为了加强我的态度,我还专门跟对方说:"我只跟自愿和我一起工作的人做咨询,你不是一定得来我这儿浪费掉你的时间,但今后假如你想好了,是你自己想来谈谈而不是由于别的什么人的命令难违,你可以再来找我。"一个半月没动静之后,我又一次接到了这位患者的电话。这回,他自己想好了,我也偷偷松了口气。

上面提及的几个例子都有"金刚怒目"的表象也都有深含慈悲的实质。我逐渐明白,在我每天的工作中,光有慈悲不行,智慧必不可少。而且慈悲要通过智慧才能实施出来,盲目的慈悲,难免造成伤害。那么智慧来自哪里呢?六度修行的前面五步,布施、持戒、忍辱、精进、禅定,都是培植智慧的方法。智慧的发源点,则是布施行为可以帮助增长的慈悲心。由慈到智,是一个距离遥远的进阶过程,但我很幸运,可以在此生同时遇到既是精密哲学又是宏伟实践的佛法和精神分析,它们为我指引方向。又一次,我想起十多年前在东初禅寺,帮我找到皈依机会的小法师把慌慌张张、不懂礼数的我带到温和沉静的果祥法师面前,由她帮我重新皈依并授五戒,赐法名"演慈"居士。演化慈悲,在这个过程里自利利他,那是佛法通过果祥法师示现给我的通往智慧的起点。那一回的际遇不是偶然。

那以后又过了好几年，常常背诵《心经》的我终于发现了《心经》结尾那句难懂的"般若波罗蜜多咒"的真正含义：去吧去吧，到彼岸去，全都到彼岸去，彼岸有至高无上的智慧。每每想及这层含义，我周身都涌起被整个宇宙的慈悲包围的感觉。佛教所说的"智慧"，包含了心灵自由的秘密。它暂时是秘密，仅仅是由于我们忘失了它而已。但在此生，以及无尽的未来，我将上下求索，以期自利利他、自度度人。

2021 年 9 月 9 日

辑四　精神分析候选人手记

精神分析有时就像痴人说梦

上周某天开车上班时，在"喜马拉雅"上听了申荷永教授几年前有关梦的讲座录音。他指出弗洛伊德的"伊尔玛打针梦"和荣格的"地下室之梦"对于理解这两位前驱人物以及学习梦的阐释的重要性。申教授也顺便提到了记梦的方法：先与潜意识对话，给它这样的信息——"我想开始记住我的梦了"——以获得潜意识的许可；然后在床边摆上笔和一个笔记本，睡醒后立即把梦的内容写下来。欧文·亚隆在《给心理治疗师的礼物》一书中也鼓励咨询师和他们的来访者把梦作为临床材料，以使谈话能够深入地进行。精神分析和心理动力学治疗领域的共识是，对梦的利用不但可以丰富面谈时的交谈内容，增进对患者的理解，也会极大地推动潜意识内容浮出水面，并可能使咨访关系和治疗本身都进入一个新的层次。

过去一段时间以来，我也发现了对自己行之有效的办法。因为多数情况下只有睡醒之前刚刚做的梦我能记住，所以如果有梦的话，我会在早上起床后用一两分钟的时间，马上把仍记得的梦的情节以非常简略的方式输入到手机的备忘录里（我手机里有一条笔记就叫作"分析梦"）。当天有空的时候，我就把之前简短的记录在电脑上补充得更加完整，尽量回忆起所有细节，实在想不起来的内容也就算了。电脑上的版本我会打印出来贴在我记录自己的精神分析过程的笔记本里，与分析师讨论这个梦之后，我则会在笔记本里写下我们双方关于这个梦都说了些什么。这样一来，对梦其实已经进行了好几重的阐释：我第一次的记录是一重，面对电脑补充细节时是第二次阐发，而等到与分析师见面的时候，我的又一次回忆是第三重解析，分析师关于梦境对我的提问和给我的回应就已是附着在这个梦之文本上的第四层意义了。而且即便到了这一步，梦缓慢展开其意义的过程也还没结束。为了最大程度地从"训练分析"中学习精神分析这门技艺，我在每一次面谈后都手写大致的记录，所以我的手记是对同一个梦的第五次阐发。不仅如此，梦的内容还可能在接下来的某一天甚至很长时间之后看似偶然地出现在我脑中，这时通常又能发现一些新的有趣的东西。

这么说来，对梦的探索和阐释是没有穷尽的，也难怪老弗爷本人就为他自己的"伊尔玛打针梦"提供了不同层次的解释，他不厌其烦向深处推进对这个梦的剖析的整个过程，在《梦的解析》一书中占据了相当的篇幅[1]。精神分析理论认为，人处于入睡状态时，"自我"的调解者功能会处于松弛状态，而此时大脑却可能仍然活跃，为我们制造出种种梦幻。从这个角度看，梦是潜意识送给我们的礼物，使人能够一瞥那些常常被日常事务一层层包裹起来的心灵表达。梦当然是一种表达，根据弗洛伊德的释梦理论，它们往往是对"愿望满足"（wish fulfillment）的想象和表达。

这里不妨谈一谈我最近做的一个很有意思的梦。上个月由于母亲节的关系，附近的艺术影院要单场播放几部以"母亲"为主题的电影，我选择了奉俊昊 2009 年的《母亲》那一场。本来那天下班以后可以直接过去看电影，却意外地收到影院的临时通知，说因技术故障不得不取消放映，而且也没有补放的消息。这件事之后的连续两个晚上，我都做了与分析师 Dr. A 有关的梦。其中第二个梦是这样的：

> 我和丈夫一起去中国城的"刘一手"吃火锅，所处空间是一个包厢（其实那家餐厅根本没有包间），我面对着一个摆满美食的大圆桌，坐在一张舒服的单

---

[1] 参见 Freud, S. (1900). *The Interpretation of Dreams. Standard Edition,* vol. 4, p.96-133。（*Standard Edition* 即是对《弗洛伊德心理学著作全集标准版》的英文版的简称。）

人沙发上。这时突然感觉到便意,我想起之前来过这儿,记得沙发下面就是坐便器,很方便。可当我把沙发坐垫掀起来,却发现下面没有坐便器而只是沙发的弹簧。接下来的场景是我从躺着的地方醒来,听见分析师与病人在说德语。我心想:原来她在本地有说德语的病人啊。这个室内是 Dr. A 的办公室(但与她真实的会谈室不同),墙边有两个衣柜,挂满了我的衣服。我躺着继续装睡,等分析师消失以后我起来去看衣柜,发现它们装得特别满,连柜门上挂的也是我的衣服,不过与我现在的穿衣风格不同,色彩缤纷的,看着像青春期少女的服装。我于是决定在 Dr. A 回来前离开。再来这个房间时,开门的是另一个女人。但过了一会儿分析师也出现了,说:"……那你可以回到我的办公室来。"梦中我感到不满,我觉得既然她的办公室就在家里(这是真实生活里的情况),她应该对我说:"你到我家里来。"

这个梦不但显示了我是在 Dr. A 身上寻找一个养育者/母亲,还提示了精神分析进行到现在,我已经在她的办公室里开始发生退行。梦中的便意和"沙发即是坐便器"的这种脑洞大开的情节,尽管未必意味着我退行到了"肛欲期"[1]的发展阶段，却至少告诉我，我的潜意识里有对某些"原始愉悦"的渴望。而在接下来的分析师办公室场景中，便意消失了，这说明我知道，Dr. A及她的精神分析本领可以帮我有效地处理潜意识中被压抑的原始冲动。而为什么衣柜里挂的是年轻女孩子的衣服呢？——因为在寻找一个母亲，希望被母亲邀请回家（而不是"来办公室"）的，是我内心里那个拒绝长大的十五岁少女啊！这么多年她一直住在我的身体里，以至于很多年里我的愿望都是"愿她永远不会在我身上死去"。分析师听完我的梦以及我自己的解读之后评论道："看起来你想搬过来与我同住！"并且针对梦中衣柜里衣服的色彩，她敏锐地指出："你想让我了解你五彩斑斓的内心世界。"

所以这个梦（以及我没有包括在这里的第一个晚上的梦）实际上是由于我错过了名为《母亲》的电影，而在脑海中为自己导演了一部《母亲》。这自然是梦的外部因素，内部原因则是精神分析过程中已经发生的动力学因素。比如说，在确定新的训练分析师时，我已有意识地寻找一个在年龄上能做我母亲，在形象上让我感觉亲近的女分析师。而内外因的共同作用使我做了这样的梦。与Dr. A就

---

1 肛欲期（anal stage）：精神分析理论所划分的性心理发展过程中的早期阶段之一，约在1岁半至3岁左右；在这一阶段，幼儿体会到对大便的控制及排泄所带来的快感。

这个梦交谈的过程中，我也产生了即时的自由联想。这些联想使得我的讲述不仅包括"母亲"，还涉及祖国（motherland）和母语（mother tongue），后两者则显然是宏观意义上的"母亲"，也与我最近关切的问题息息相关：例如，我每天牵挂着国内的疫情现状，我日日思考着远离故土的母语写作如何持续，等等。分析师也点出德语是她的母语，而在我梦中与其进行德语对话的病人或许就是我自己。这当然是有可能的，我从高中起阅读德语文学，在大学和研究生院都曾学了一点德文，这些天也在本地的歌德学院上着语言课；梦中我还以躺姿出现在 Dr. A 的会谈室里——在现实中，我的确是从躺椅上跟分析师谈话的。

临床工作里，有经验的分析师通常都不会把解释做得特别满，以留给患者自主思考的空间。当 Dr. A 提示我"梦中与我讲德语的病人或许就是你自己"时，我意识到了她没有说出的阐释：这个梦以及我把它汇报给分析师的行为都是一种"移情表达"，我在潜意识中不但想要搬到分析师家里去，还想要学会她的语言，用她的母语与其对话。学会对方的母语，还有什么方式比这样做更能向一个外国人表达爱吗？因此这个移情表达的核心是对爱的询唤。

没错，精神分析是关于爱的。这里的"爱"字含义丰富，它包含了理解和为了试图理解而进行的努力。就像我和我的训练分析师，我们使用英语——一门对双方来说都是外语的语言——来进行沟通。可是语言并不重要，最重要的是爱。在精神分析的过程中，有时我们——我和 Dr. A，我和自己的患者们——如痴人呓语般说梦，然而拨开幻梦的表象以及附着在其上的焦虑、痛苦、恐惧等种种情绪，我们往往能够听到对爱的询唤，以及有时候许多带着生猛生命力的其他内容。这些声音埋藏在生活表层的细碎感受之下，须得允许自己痴人说梦，方能与心底的愿望相遇。

2022 年 6 月 3 日

"没你不行，有了你怎么才能行"
—— 高频精神分析还有必要吗？

尽管精神分析是公认探索人类心灵最深刻的工具，也是我找到的能把我对文学、历史、社会和人心的兴趣全部结合在一起、奥妙无穷的一整套世界观以及理解人与生活的方式，但当我想要写出自己在病人的位置接受精神分析治疗的体验时，不可避免地会意识到精神分析——尤其是带有古典色彩的高频次精神分析——在我们身处的快节奏当代社会中其实位于相当边缘的位置。这就是副标题里的"还"字所透露的我的无奈：仿佛一旦谈论精神分析存在的合理性，就不得不采取一个防卫的姿态，就一定会跟认为它已经"没落了"，它是"离经叛道"的那个声音进行对话。

好在任何的"姿态"和质疑都没有关系，只要还能够表达，就有把事情思辨至明的可能性，这类似于在精神分析实践当中，结果固然重要，但更重要的则是过程本身。而且即使我本人作为从业者，哪怕我之前的好几年都在一所精神分析学校学习，我自己都在很长一段时间里对于一周多次面谈的高频精神分析感到不理解，大众的困惑亦可想而知。

老弗爷初创谈话治疗时，每周与同一个病人会谈六天。这一标准随着人们的生活节奏越来越快而有所调整，目前行业里一般认为，访客一周与分析师见面四次或以上的治疗模式，是尚在经典精神分析框架内的。事实上几乎不存在一周六次的频率了，在美国，接受经典精神分析的来访者一周最多面谈四至五次，以四次居多。过去我所在的训练机构告诉我们：只要临床工作是围绕着对移情和阻抗的处理来展开，便可称为精神分析，而会谈频率并不是定义精神分析的因素。甚至在那个临床流派里，由于把改良后的精神分析方法应用于精神分裂患者和具有严重人格障碍的病人，分析师会提供低至隔周一次的会谈频率，以避免对"自我"功能极其脆弱的患者造成"被入侵感"和"被淹没感"。那时对我们这些受训者的要求也一样，每周见一次训练分析师即可，我还曾庆幸地想：幸好我的学校不要求高频分析，不然我怎么可能拿出那么多时间和那么多钱来，只用在这一件事上呢！

关于一周面谈几次才能被叫作是精神分析，在领域内部也是个争论不休的话题。不过相对传统的机构——以"国际精神分析协会"（International Psychoanalytic Association，简称IPA）为代表——和老派的分析师们普遍支持高频会谈的合理性。况且他们觉得，后来也有"心理动力学"和"精神分析式的心理治疗"这样的概念发展出来去概述低频会谈的性质。那么每周见分析师一两次和四五次，这个区别会导致疗效的差异吗？区别到底在哪里？在这个话题上，我的大学心理系师兄、北大副教授钟杰曾经在"知乎"网站写过一篇回答，我觉得他说得很好。他认为一周见一两次只能算作心理动力学治疗，而每周三次和每周四次之间，大约也存在着质的不同：

> 国际精神分析协会（IPA）不承认一周三次的躺椅分析是"精神分析"。看上去治疗频率仅仅差了每周一次，但IPA很看重这个。我问过一位德国老师，他的回答是："一周四次意味着，患者一周内可以有两天连着过来见分析师，而一周三次则可能不会。"因此，我的观点是：患者如果是一周三次的，我也建议他们不要隔天来，至少有两次面谈是在连着的两天里过来接受分析，利于疗效。

为什么一星期里至少在连续的两天里进行面谈会利于疗效呢？起初我也不甚明白，但是当今年我有了高频治疗的亲身体验后，或许可以来谈谈这个问题。

今年初我为了申请IPA在本地分支精神分析学会[1]的候选人资格，找到了新的训练分析师Dr. A。按照约定，我们最初是以每周两次的频率见面，当我们处理好各自的日程安排后，就立刻开始了一周四次的谈话。我本人也是临床工作者，虽然我并非工作狂，在做个案之余给自己安排了充分的休息时间，但由于日程方面总会涉及我自己的患者和Dr. A已有的咨客以及她的其他工作（她除了见病人以外，也督导后辈同行的工作并在IPA承担行政职务），因此与Dr. A协调出一个适合我们双方的时间表并非易事，颇花了一些心力。

Dr. A的咨询室就在她家里，而我们一星期的四次见面并不是安排在相同的时间。现在我每周一到周四都会在自己工作的间歇开车卡着点冲到分析师家的后院，再快速跑进她的办公区域，然后发现听到我脚步声的她已经站在会谈室门口微笑着等我了。我把自己放倒在Dr. A办公室里那张巴塞罗那躺椅上，一霎间涌上来的放松感令我强烈地察觉分析时间与生活中其他时段的不同。往往我会对分析师感叹："能在一天中的这个时候躺下来聊天，真是太好了啊！"频繁的会谈安排甚至使我觉得，最近这阵子我似乎只做了两件事：我不是在跟分析师谈话，就是在去跟分

---

[1] 本书中，在不影响理解的情况下，也会把波士顿精神分析学会简称为"学会"。

析师谈话的路上。匆匆赶往会谈的路途中，有时我想到，我对于精神分析的热情已经到了"没你不行"的地步，可是把接受精神分析纳入成为生活的一部分之后，又"怎么才能行"呢？

高频分析最显著的优点，或许是会谈的连续性。我想钟杰师兄在上述文章里所讲的也是这个意思。今天被人们视为"标准"的每周一次的治疗频率，事实上不是从疗效出发而固定下来的行规，而是最低疗效与保险公司的最大经济效益这两者的相交点，是二十世纪七八十年代医疗保险行业染指心理治疗领域之后才逐渐形成的一种通常做法（这是美国的情况，其他国家我不太了解），保险公司基本上不会为病人支付多于每周一次的治疗费用。但是想想看，一星期有将近170小时，一小时的治疗时间与170小时的总量相比真的微小之极。在心理治疗领域，普遍认为访客每周过来接受治疗，意味着他们留出了这段时间来面对自我以及自己面临的人生问题，而来访者离开治疗师的办公室后，就将立即被日常生活裹挟。我自己的临床工作每天都在发生这样的情况：患者先花一部分时间通过谈论过去一周的生活来"预热"与我的谈话，然后他们才会转而谈论自己真正关心的议题；这时可能只剩下十几、二十分钟的时间了，通常是不可能抵达任何更深入的地方的，对潜意识的探索更是被压缩到近乎为零（精神分析一般来说是通过讨论梦、幻想和口误来发掘潜意识)。接着下一周呢？还会是这个流程，只不过与我熟悉起来之后，有的病人不需要太多"预热"，能较快地进入主题，而有些人出于种种原因（比如，不习惯谈话的焦点集中于自己，或是拒绝与我建立有意义的人际关系，也即拒斥对我产生移情），则一直会需要花相当一部分时间重复地论说生活最表层的东西。对于后者，我会把它作为患者对于谈论内心世界或真实情绪的阻抗来处理，并且是针对具体情况去处理具体的阻抗。然而这样的阻抗，有多少内容是170:1的比例悬殊的咨询外时间对咨询时间的包裹和压制造成的呢？

我个人的体验是，一星期四次的高频分析里，只有周末时连着三天见不到分析师，使我与Dr. A谈话的延续性得到了最大程度的保障。因此，每周二三四这三天，我们的对话几乎毫无铺垫，我会直接接上前一天的话题。而且每周四小时的谈话时长也保证了会谈的深度性。其实在日常生活中，哪怕与最亲近的人，我们也很难有一星期四小时的交流时间。就说被我视作"灵魂伴侣"的丈夫吧，我们每天忙于各自的工作，虽然很喜欢互相沟通，说的最多的话却全是关于孩子和家务琐事，真正想聊的话题，都得挑孩子不在家里吵闹时见缝插针地说。

有一回我给Dr. A讲我作为佛教徒的功课，说起念佛、诵经等事。我又联想到圣严师父教导世人的"四它"原则[1]，想要跟分析师谈一谈我所看到的精神分析实践与佛教修行之间的相通之处，可是我怎么也想不起"四它"原则的第二步是什么了。开车回自己办公室的路上我才想起原来是"接受它"，并意识到我的遗忘是一种症状：对我来说，"接受"仍然是很难做到的一件事。于是第二天我就从这个认识开始讲起，并和分析师一起澄清了"接受"的含义。若是我需要隔一周才能再见到 Dr. A 的话，那么我未必能再抓取到"接受对我来说是艰难的事，所以我上次谈话时忘了'四它'原则里的这一步"这个稍纵即逝的念头，而这个对我本人很重要的人生哲学议题，也许要再过不知多长时间才能在面谈中再度浮现出来了。

由于谈话频率高且会谈时间大多能花在"刀刃"上，我感觉高频分析比之前我做了好几年的一周一次的个人体验推进得要快。我念社工学院时曾碰到一位很好的认知行为取向的老师 M 教授，我们至今仍保持着联系。他告诉我，为了了解自己，他曾做过每周四次的高频精神分析，总共花了两年半的时间。而在我过去的训练机构里，某位我很尊敬的老师则做了 36 年一星期一次（可能中间也有两周一次的频率）的治疗，一直到这位老师的分析师去世

---

[1] "四它"原则：由圣严法师提出的处世方法，循序渐进是面对它、接受它、处理它和放下它。

为止。这是比较极端的例子，即使是从业者，大多也不会把自我治疗的阵线拖得这么长，但七八年、十几年的治疗时间并不少见。在职业生涯中的不同阶段到不同的分析师那里去修通差异化的问题，也是一种办法。欧文·亚隆就是这么做的，由于他每次都是接受深度的个人治疗，所以每一段的咨询时间都在两三年左右。具体到我自己，因为我必须让自己在精神分析学会受训的多数时间内都接受个人分析——不仅是为了修通自己的大部分冲突，也是由于高强度的训练会给候选人造成额外的内心冲击——所以我应该不会在两年半之内就结束与 Dr. A 的工作，但亦不至于需要花上十几年。上面的时长对比说明，高频分析的确频率高，可是不会把时间拖得过久。如果一个人需要大约 500 次面谈才能获得相对的心灵自由，那么每周四次比起每周一次会帮这个人节约许多时间。

经典精神分析的高频设置决定了谈话的深入性，而这个深入性则让分析师可以最大程度地与我"同频共振"，甚至先于我而意识到我尚未意识到的事情。某次 Dr. A 要去欧洲出差，因而取消了我那个星期四的会谈。于是周三见到她时，我感到有一些话说不出来。我能意识到自己对分析师取消我的面谈有所不满，但她确实有客观理由，因此我觉得自己的不满好像是小题大做了。尽管如此，我还是把这种感觉对 Dr. A 表达了出来。可能是由于分析师即将出发去机场,我仍然不知道该说些什么来填充接下来的时间。我散漫地谈到年幼的儿子"想要的东西不能等",并举例说:"他有天晚上说想要新的'宝可梦'图画书,一定让爸爸马上给买,还说'我明天就要收到这本书'呢。"Dr. A问我:"明天还想要你的面谈时间,这是不是你想对我说的话呢?"后来我又不知为什么,提到在我懒得做饭的时候,会让丈夫去买快餐汉堡回来给全家吃。我说:"我们都很喜欢Shake Shack的汉堡,我尤其喜欢双层堡,双层汉堡里有两块肉饼,特别好吃。"我正在内心暗暗诧异自己怎么会提起这么散漫无边的小事时,分析师评论道:"你好似是在告诉我,你希望今天能跟我谈两个小时,把明天的会谈提前补上,这就像你爱吃双层汉堡一样。"精神分析师为患者提供的阐释经常是这样,听起来像"胡扯",但细想却有一定道理。我听到分析师的解读,扑哧笑出了声,既开心于Dr. A能敏锐地捕捉到我的潜意识内容,也很高兴她把她的阐释告诉了我,使我懂得,原来人的潜意识聪明得很呢,我说的话看似脱线、无稽,事实上都指向我对分析师取消我的面谈所产生的种种感受和想法。而且Dr. A强大的解读我的"象征化沟通"的能力,也是我在这段新的分析关系中收获到的宝贵的东西,她的精神分析"手艺"以及她的工作风格都将被我内化到我自己工作的细节当中去。这里也不得不充满遗憾地对比说明一下：这种做解释的能力我在以前每周一次的个人体验中获得的非常少，一方面由于我过去的博士项目不认为做阐释在（与退行严重的患者的）工作中具有优先性，所以在教学和临床训练中都不太强调这个能力，另一方面我觉得一周一次的低频分析的确很难在这方面起到足够的示范作用。

在社工学院上 M 教授的临床基础课时，他曾告诉我们，不同取向的咨询师与来访者之间的关系模式是很不一样的，比方在认知行为治疗当中，治疗师是以来访者的老师的面目出现的，而精神分析师与他们的患者，则最像父母与子女的关系。前面我提到与 Dr. A 调整出适合我们双方的一周四天面谈时间，花掉了许多心力，事实上主要是她花了心力。作为一位极其资深的精神分析家，她照顾了我的工作安排，使我可以把面谈时间有机地放在我的工作日程里，而不会影响到我自己与访客的见面。我能感到她重视与我的咨访关系，愿意为我负责——即便我其实根本负担不起她的全额费用；她提供给我她的最低价，与我自己对本地病人的收费持平，显示出对后辈的关爱。对精神分析师而言，接纳一位病人来进行高频会谈，有点像有爱心的成年人收养了一个小孩子。对患者有所选择是肯定的，因为每周要多次见面，显然得选个人认为适合的治疗对象，最起码不会接受一个自己觉得厌恶的人。而来访者自然也可以对分析师进行选择，这是比被收养的小孩子更具有能动性的一点。所以也许可以说，精神分析治疗的开始之初，是一个人选定了另一人，来帮助自己发生一个"再次被养育"的过程，而另一人给予了蕴含着同意与关切的回应。我自己的病人也时常令我觉得他们希望我是他们的"养育者"，这与咨客的年龄无关；有时我甚至能感觉到，某些患者在潜意识里想让我先"怀上"他们然后再把他们"生出来"。

病人先被分析师"怀上"然后再被"生出来"，重新"养育"一遍——由于精神分析会促发患者的退行，所以在隐喻的意义上，这些是必然会发生的过程——这是高频分析性治疗所携带的古典主义色彩。我们追求"短平快"的现时代风格与精神分析的精神内核背道而驰，但我有时会产生这样的白日幻想：经过访客和分析师的共同努力之后，一个内心自由、感受自由的"新人"在会谈室内带着平静的欢乐诞生了。乘着精神上的自由感再次"出生"，这是我对自己作为一个接受精神分析治疗的病人的最终期许，也与对精神分析、探索自我和获得自由感兴趣的你们共勉。

2022 年 6 月 17—18 日

"你为什么只是坐在那儿，一句话也不说？"
—— 浅谈临床工作中的阐释问题

作为经典精神分析的核心技术，阐释也可以叫"诠释"或"解释"，在临床工作中指的是分析师将对患者的想法、感受或处境的看法和理解分享给对方，以期帮助病人增加对自身困境的认识，并增长其自省力以及对他人和世界的觉察能力，亦即推动病人的心灵成长与成熟。精神分析工作传统上有一种说法，认为病人的症状会被"interpreted away"，也就是说，被分析师为访客提供的诠释给"解释走了"。该说法被当代许多重视"客体关系"[1]或"主体间性"[2]的临床流派所挑战，在此先略去不谈。这个过程听起来很爽利，做起来却可能令咨访双方都十分困惑，是临床新手需要花漫长的时间去边实践边学习才能掌握

---

[1] 客体关系（object relations）：参见本书第 133 页注释。
[2] 主体间性（inter-subjectivity）：哲学及精神分析术语，在精神分析理论中，它指一个人的主体和他人的主体之间的交互，以及这一交互所形成的一个新的场域。

的。阐释的做与不做、怎么做、什么时间点做，个个都是需要针对具体案例去深究的大问题，并非区区一篇文章能够解答。我这里仅就个人近几年在工作和被分析过程中的体验谈一点浅显的看法，期待与有兴趣的读者进行交流和讨论。

最近与督导聊天，我抱怨对面办公室的同事虽然都认识我一年了，每次见到我却仍然眼不错珠地紧盯着我的眼睛，让我不太舒服。"给人感觉像一个很狐疑、偏执的人，难道她自己不知道吗？"我的看法是，做一个心灵领域的临床工作者，看上去越普通，越正常，越能让别人感觉到他们自己受欢迎越好，这有利于使他人信任我们，故发此问。白胡子督导笑道："据我观察，我们这行会吸引很多奇奇怪怪的人进来从业，你说的这种人，我也见过不少。"督导告诫我不要轻易告诉办公楼里的同事，我是接受精神分析训练的候选人。"非精神分析流派的从业者大多会对我们感到恐惧，你说了你的训练背景，他们对你的态度有时会发生很大的变化。"白胡子老师说。我很同意他的说法，因为几年前我就有过亲身体会。

和普通老百姓一样，心理治疗师里亦有不少人对精神分析抱着不理解甚至拒斥的态度，而且我认为，他们拒斥的理由也与大家的原因没什么不同，通常是出于对自身潜意识幻想和欲望的恐惧。这种恐惧表现在意识层面未必是害怕的感觉，反而常常反映为对精神分析流派及其从业者的攻击。几年前我未出茅庐，仍在一家社区诊所工作的时候，某位年长同事在一周例会上讲解她手头的一个案例。那是美国总统大选前的一年，同事不满于她的病人喜欢在面谈时谈论政治话题，忿忿地道："我真的不知道怎么接话，不让病人谈这个话题吧，好像也不行。"然后很突然地，她把目光转向我，说："要不我把这个患者转介给你吧，反正你是shrink，你能够就坐在那儿，不发一言地听着。"同事的忽然提及令我感觉受到了"突袭"。首先，shrink在美国文化中是对精神分析师及精神科大夫的蔑称，在当时诊所的环境里，大家只是知道我做心理动力学取向的治疗，我本人从未宣称过自己是分析师，这位同事的话语显示，她联想得有点远。其次，刚刚开始工作的两三年里，诊所的病人确实有一部分只是来来走走，没有留下来与我开展长期的咨询，我从咨客嘴里直接听到或从督导那里辗转听来的抱怨有相当一部分都是："你为什么只是坐在那儿，一句话也不说？"因此同事满含偏见的话的确触及了我的一个痛点。那么精神分析师，或者动力学流派的从业者们，在工作状态下真的是干坐着不说话吗？临床工作中的做阐释和沉默，提出诠释的时机与方式，究竟是怎么样的一个过程呢？

试图厘清上述问题以前，需先在讨论中排除一种可能性：患者的病理使得他们"听不见"治疗师的话语。我在诊所工作期间，接待的基本上都是带着多种诊断标签的病人，其中不乏重性精神病和严重人格障碍的患者，他们混乱、原始的客体关系水平常会妨碍他们把其他人的话"听进去"。在这类病人的心灵中，尚未发展出一个"客体领域"，因而他们没有清晰的自我边界感，也分不清什么在内、什么在外。例如，偏执妄想病人把源自自身的攻击性体验为是来自外部的，于是他们会真实地感觉到有人要加害于他们。在这种情况下，患者不但"听不见"我说什么，也同样"听不见"别人的话，或是会把听到的话解读为恶意。在人格功能上带有严重病理的患者对于治疗师"不说话"的指责很可能是由于他们的精神症状，而且与他们工作时，确确实实没法使用"做阐释"的干预手段，得先极有耐心地协助他们建立起心灵当中的客体领域才行。

尽管我在诊所的工作特别艰难，可仍有少数病人是位于神经症至轻度边缘水平的谱系，那么当这部分患者抱怨我"一句话也不说"的时候，到底发生了什么呢？这曾经是一个困扰了我很长时间的难题，因为在我自己的感知中，我不但从未"一句话也不说"，反而相比于老师们和我自己的分析师，我每常需要反省自己，是否在面对访客的时候说得太多了。幸运的是随着工作经验和个人体验时数的不断增加，我好像初步为这个问题找到了答案：当一个临床心理治疗师不能向病人传达切中肯綮的诠释，那么她说出的话就很难在来访者的脑中和心里留下印记。我过去几年学习的流派是靠与精神分裂患者工作发展起来的，故而尤其强调分析师容受和理解病人情绪的功能，却弱化了对做阐释能力的培养。当我阅读这一理论，在课堂上听讲以及面对退行严重的病人时，我深深感到这个理论取向的合理性。然而当我自己独立开业去接诊一个个患者，以及持续与学校的训练分析师 Dr. H 进行个人体验时，我逐渐意识到，我自己以及我日常面对的许多咨客都并不带有极端的精神病理，这时候就触到了原有理论的短板。

对这一现象认识的突破口是我在原来学校的个人分析。去年秋天，我脑中突然蹦出了这样的问题：既然不管我们说或不说、做或不做，患者的悲欢以及关系模式都将在咨询室内展开，那么是否其实不一定需要有一位分析师坐在那儿倾听病人的讲述？如果我们把一条狗放在咨询室里充当分析师的角色，是否也可行呢？督导听后肯定了我想法的前半部，却针对后一个问题说："狗当不了分析师，因为它们没法被来访者唤起情绪，从而不能生发出访客需要一个客体在那时那刻所产生的感受。"当时我很认同督导一针见血，针对分析师客体功能的回答。然而又过了一段时间，在与学校的训练分析师 Dr. H 结束工作的阶段，我才意识到，我的前述问题并不来自我作为治疗师的临床观察，而是我身为病人对 Dr. H 的负面体验。去年底和今年初，我为这段训练分析安排了三次结束性会谈。那时我问分析师，为什么在长达三年的时间内都没有对我的正负移情予以诠释，甚至她几乎没有对我做过任何阐释性的工作，包括从未释梦，从未在我讲述自己的幻想和我的写作（也是白日梦之一种）时提出探索性的问题，以使对话继续深入。Dr. H 解释说，她认为我是一个领悟力很强的人，我会慢慢自己对自己的问题给出所有的阐释。如此回答没有让我满意，但继续问下去，我也没能得到更有意义的答案，因为她直白地说："我脑海里当时没有呈现任何诠释。"对于我这样一个明显并非精神病性病人的来访者，Dr. H 采取了与治疗精神分裂患者时相同的重容受、不阐释的方法，我猜测这是因为她不会别的方法——她也是在原学校的培训体系中训练出来的。而也在那时我惊奇地发现，尽管我理智上很清楚 Dr. H 在与我的 130 次对谈中说了不少话——比如说，我在诊所看诊期间受挫时，她对我的工作给过好多建议——绝对不是一言不发地沉默，但在我的感觉层面上，她似乎什么话也没说过。这个认识令我受到震动，并开始进一步反思过去的某些病人对于我"不说话"的评语。我思考的结论是，Dr. H 虽然并没有沉默，但她说的话意在表达对我的倾听和支持，其中缺乏真正有力量的诠释性话语，故而她与我的工作只能让我感觉获得了支持性的帮助，却没帮我发展出更多的领悟力和自省能力。这一定也是过去很长时间内我在工作上犯的错误。所以，既然对 Dr. H 产生的负面移情会使我不由自主地觉得"旁边坐一条狗也行"，与此类似，过去那些痛诉我"一句话也不说"后便离开了的访客，或许私下里也曾疑惑过："不说话"的咨询师与一条狗有什么差别呢？

不向病人做阐释与分析师头脑中没有形成阐释，是两件不同的事。我在那个博士项目里学习的"现代精神分析"流派，从理论上讲是要求分析师有能力形成阐释，同时也有能力将其只留在自己脑中，并在持续工作的过程中不断加以检验和修正，因为退行严重的患者一般都不可能接纳以言语做诠释的干预方法。不过很可惜，在理论和方法一代代传递下来的过程中发生了偏移，导致了今天该流派训练中弱化阐释能力的倾向。在那所学校上学的最后一年，我带着惊惧的感觉发现，自己越来越"不敢"跟病人说任何带有诠释意味的话了，仿佛他们的"自我"全部极为脆弱，我不管说什么、怎么说，都会被对方体验为受到攻击。去年春天，我怀着巨大的困惑向督导痛陈这一事实。白胡子督导虽然也来自那个流派，却是坚定的老弗爷原典追随者，也是头脑非常灵活、开放的资深分析师，能拥有他作为老师是我特别幸运的地方。他用深刻的理解化解了我的不安，说："你的感觉没错，我听不止一个学生这般抱怨过了，这的确是我们学校目前训练学生时的一个大问题，而其实几十年前我在这儿学习时，并不是这样的。"督导接着告诉我："要知道，虽然我们这个流派并不把阐释作为工作中的重点能力来培养，但给病人提供诠释实质上仍是精神分析实践的核心内容。提出阐释的临床过程就像是为一个发育期的婴孩提供固体食物（solid food，我们中文语境里一般叫"辅食"）——奶汁已经满足不了他们了，他们得被喂食固态食物才能健康地成长。"白胡子老师的比喻十分形象，我一下子明白：恰到好处的诠释性话语就是给患者的心灵发育和成长提供必要的营养。正如婴儿长到六七个月之后，母亲乳汁里的钙和其他微量元素就无法再满足他们身体长大的需要，当一位病人在我的办公室里度过了需要体验到理解和支持的最初阶段之后，也同样需要接收到富含心灵成长养料的阐释性内容。

事实上，在白胡子老师指导下工作的过去两年间，他一直在孜孜不倦、一句一句地教我如何与患者对话，且时常鼓励我"放大胆量，就照这个去说"。遗憾的是，在我接受其督导的头一年多，也就是我仍在过去的学校学习期间，尽管我的大脑非常认同他讲的"大胆去说"，我的心灵却难以站到那个位置，在实际工作中，依然经常难以对病人说出诠释，即便那番话语已经经过了督导的肯定。这个现象一直持续到今年初我与Dr. H结案，去了新的训练分析师那里，才开始发生明显改善。Dr. A是老派的弗洛伊德派分析师，做阐释是她的长项。我很欣喜地发现，当我在个人分析中经历了被给出阐释的真实过程，我终于能带着信心对自己的病人适时提出对他们的梦、症状、情绪及行为模式等等的解释了。这充分说明个人体验对临床工作者的重要作用，我觉得它的重要性应该排在上课学习和接受督导之前，因为我们不可能将我们自己从没经验过的东西行得出来。受益于督导的反复提醒和Dr. A的"言传身教"，半年以来，我与好几位长程访客的工作都有了不同程度的推进，患者与我都体会到成长的喜悦和畅快。

受训不足的新手确实常犯过早阐释和过度阐释的问题，但矫枉不须过正。而且即使面对"自我"功能较为破碎、虚弱的病人，也不应在长期的治疗过程中完全不"喂食"诠释。用白胡子督导的话来说："一点东西都不喂，病人会饿得慌，所以你多多少少是要给一点，尤其当他们以象征化的沟通方式对你发出心灵饥饿的信号时。"听到这句话，我就明白了与Dr. H工作的几年间，自己像一个饥饿的婴儿，虽然承担了"母亲"角色的分析师会软语安慰并喂食一些乳汁，但这个婴孩所期盼的辅食一直没有来。而那些向我抱怨"你为什么只是坐在那儿，一句话也不说"的患者们，亦是在通过这样的负面表达来对我"哭嚎"："饿啊妈妈！我不想喝奶，我要米糊！"

上述文字大致是我在目前阶段对于做不做阐释这一临床问题的回答，接下来再简单说一下我对于如何给出诠释的看法。首先必须考虑来访者对诠释内容的接受能力，这涉及对他们的"自我"功能、领悟力和自省力的评估。在与 Dr. A 的工作过程中我观察到，尽管她也常常会使用"我不知道是不是……"这类句式来传递她的想法，总体上她对我给出阐释的方式是较为直接的。我很喜欢她的直接，因为我一向厌烦别人说话拐弯抹角或矫饰文辞。对我自己的病人，在白胡子督导的训练下，只有当我确信自己解释的正确性，也判断患者需要听到直接传达的力度时——比如说，患者可能在某一时期需要将我体验为一个权威性的角色，或正在经历"破坏治疗的阻抗"——我才会以陈述句甩出我的结论。其他大多数时候，我会以问题的形式来"包裹"我的诠释，例如，"你有没有觉得……""是否存在这个可能性……""我得到了这样一种印象，你听一下我说的是否准确……"等等。白胡子老师告诉我，这样做的好处是软化了我们的语言，一方面，病人不会觉得被分析师的结论性话语所"侵犯"；另一方面，他们也获得了一个反驳我们的机会，万一我使用的词语并不完全精确，而来访者想用他们自己语言体系里的词呢，对吧？另外也有时，访客否定我提供的解释并不是因为这个解释不准确，而是由于受其防御方式所限，他们暂时难以理解和接受某些说法。我很欣赏督导老师在这种时刻的态度，他曾一遍遍对我谆谆教诲："哪怕病人一时接受不了，假如你确信你对他们的判断是在正确的方向上，你就应以缓和的方式传达你对他们的理解。多重复几次，每次都给他们制造一些提醒，慢慢地，他们看待自己的方式才会发生改变。"

精神分析临床过程中的阐释，意在增加患者的觉察力、自知力和自省能力，它并不是一种语言游戏，更不是分析师随意说出口的"聊天"之语。然而它同样不单纯是一个心智训练，而是要在帮助病人情感触角持续发育的过程中，增加其"自我"当中的自我观察和自我觉知功能。因此，过于"智识化"的诠释内容未必是理想的"营养辅食"，带着分析师本人旺盛生命力及对生活和工作的热情，饱含对来访者深度理解的诠释性话语，才能获得良好效果。所以我觉得我们的底线是尊重和爱。怀着这样的态度去工作，必然不会对一个带有自恋特征的病人直筒筒地说"你是自恋人格"（这属于"侵略性"极强的不恰当诠释），而是要在日复一日、周复一周甚至年复一年的对谈中，启发和帮助对方去思考并谈论其有时极度自信，有时又忍不住看轻自己的情绪体验模式。来到我办公室进行精神分析式心理治疗的患者，已然下决心要克服对探索潜意识的恐

"你为什么只是坐在那儿，一句话也不说？"

惧，以及对未知的心灵前路的踌躇，我把他们和我自己都看作精神之路上的孜孜求索者，而我，是我在与他们重合的一段又一段人生探索道路上的旅伴。

2022 年 7 月 16—17 日

从精神分析看"一切唯心造"
——初论临床过程里的象征化沟通

一迷为心，决定惑为，色身之内。

不知色身，外洎山河，虚空大地，咸是妙明，真心中物。

——《大佛顶首楞严经·卷二》

心如工画师，能画诸世间，五蕴悉从生，无法而不造。

——《大方广佛华严经·卷十九》

若菩萨欲得净土，当净其心。随其心净，则佛土净。

——《维摩诘所说经·佛国品第一》

自 2016 年起从未间断地接受个人分析，使我积累了丰富的由病人的位置上体验精神分析的素材，而长期的自我剖析习惯和持续的理论学习则帮我在许多看似孤立、平淡抑或是神奇的临床事件之间建立了联系。这是一个十分有趣的自我发现和认识人性的过程，令我对精神分析临床过程中的"象征化沟通"现象产生了深深的兴趣，并联想到在这个现象背后，或许存在着一个人生真相：我们只拥有自己所感知到的真实。

说起我的躺椅式个人分析，首先，我前后经历过的三位分析师在年龄、性别、阅历和受训背景方面都有所差别：之前的 Dr. K 和 Dr. H 都是在由美国分析家海曼·斯伯尼茨（Hyman Spotnitz）开创的"现代精神分析"学派里接受培训的，而目前的分析师 Dr. A 却是来自欧陆经典精神分析的弗洛伊德派。其次，他们的工作方式也有显著差异。Dr. K 与 Dr. H 均毕业于我在 2018—2021 年底念书的那所研究生院，他们的工作与学校的风格一脉相承，只提供每周一次的见面频率；但跟 Dr.A，我得一周四天跑到她家里去——好像老派的分析师大多喜欢在家中会见病人，每回不管有话还是没话，反正总是得说点什么来填充我躺在那儿的五十分钟时间。

我与前两位分析师的工作算不上成功，然而我仍从不成功、未圆满的个人分析中学到了许多东西。和 Dr. K 的关系破裂之时，我同时见着他和学校的女训练分析师

Dr. H（这种做法并不推荐，那是我当时在诸种压力之下的无奈选择），于是顺势结束了和 Dr. K 的工作，而把后者变成了自己唯一的分析师。我记得 2019 年夏天，我在 Dr. H 的办公室里以大段大段的独白向其陈述我与 Dr. K 工作失败的前因后果。我回忆起那年春天的两件小事："当时以为是偶然，没往心里去。但现在想来，那些应该都是我对 Dr. K 产生了连我自己都难以觉察到的不满的信号。"我这样对柔和、亲切的 Dr. H 说。那是某天傍晚，走进 Dr. K 的办公室时，我向他抱怨："这儿的空气怎么这么不好，能开窗吗？"分析师把窗户打开了，但春日的晚间仍然微冷，我躺在长沙发上，不一会儿就感觉起了一层鸡皮疙瘩，并开始打喷嚏。因此我又问："我有点冷了，能把窗户再关上吗？"Dr. K 按我说的做了，没有说什么。当天离开的时候我却有点困惑：自 2017 年起，我就是 Dr. K 每周三晚上的最后一位来访者，每次都是早早吃完晚饭后，在六点四十五分到达他的办公室；可为什么此前的两年中，我都没有抱怨过室内空气的陈腐？我不是一直都在周三的同一时刻踏入这个好多白天的病人早已在其中谈过话的空间吗？那时这个念头只是一闪而过，而且我把这件事解作偶然。不过当我总结与 Dr. K 的咨访关系破裂的原因时，另一件小事亦适时地浮现在了脑海里。也是同一个春天，我在 Dr. K 的沙发上躺下后，目光落在沙发紧靠的窗上——

它覆盖着厚厚的猩红色天鹅绒窗帘。我突然想起，这是与我十几岁时在父母家中卧室的窗帘相同颜色、一样质地的帘子。我皱起眉，仿佛被突然涌起的不愉快的青春期记忆给打扰了谈话的兴致，并把这件事告诉了分析师。可惜的是，Dr. K 没有帮我继续探索这种感觉，正如前一次在空气质量的话题上，他也没有协助我。具体到窗帘事件，比如说，在反思中我想到：为什么是在一起谈话了三年之后的那时那地，我才突然意识到这种"不幸的相似性"？它是否意味着我对分析师所营造的分析空间（在某种程度上亦即咨访关系）的感受发生了变化，并因而象征了我对 Dr. K 的体验已经由正转负？

Dr. K 自始至终没帮我处理过我对他的负面感受。上面所述相对细微且相当象征化的表达不说，哪怕到了那年夏天，我因难以当面表达已浮现在意识表层的不满而在接连两次面谈中都陷入长达整个谈话小节的沉默中时，他也没有说过什么。后来随着我自己临床经验的增加，我渐渐明白了，虽然临床工作者大约都懂得，处理患者对我们的负面移情是帮助他们改善客体关系的一个重要必经步骤，但令人喟叹的是，多数从业者可能还是更习惯沉溺在被病人喜欢、信任甚至爱戴的正向感觉里。其实在精神分析理论中，所有的移情都被视为阻抗，并且在神经症水平的访客身上，正面移情往往是比负面移情更顽固的阻抗，任治疗关系一直在"你好我也好"的表面融洽中停留，是无法推动患者在其对心灵世界的探索中更进一步的。最近我在精神分析学会的新督导，与 Dr. A 同为弗洛伊德派分析师的 Dr. J 告诉我，临床过程中，诠释移情的一个基本原则是：只有当咨客的移情妨碍了他们的自由联想，这时候，我们才应通过适当阐释他们对我们的移情关系来解决患者对于继续向我们进行言语表达的阻抗。那时我也想到，无论来访者是处于对分析师的正面移情还是负面移情里，只要他们仍能将移情的感觉原原本本讲出来，那么这样的移情就能对分析工作有所促进。我把 Dr. J 的话记在笔记里并用红笔加粗，而且不可避免地想起了与 Dr. K 的最后两次面谈中，他在我滑入沉默时似乎不知该说什么的漫长安静。显然，他错过了能进行干预的最后时机。

Dr. H 尽管柔和、亲切，但似乎同样不太擅长处理我这样的病人的负面移情。这是又一段持续了三年的分析关系，其中当然有一些令我不满意的时刻。可特别遗憾的是，由于分析师和我之间不对等的权力关系，我根本没有办法表达任何负面感受：Dr. H 在我原来的学校处于高阶的管理层位置，并且在整整三个学期的时间里，我都不得不坐在她的课堂里。必须上她教的课，事实上引起了我极大的不满，因为这件事很不符合精神分析训练机构的传统规范，但我反复被学校告知：我们这个机构太小了，没有办法，你只能坐进你分析师的教室里去。三年之间，Dr. H偶尔会问我："你觉得我们的分析工作目前进行得怎么样？"每次我都会飞快地回答："好啊，好啊！"我不假思索的反应是一种"自保"：到了期末，我的论文和课堂表现就会被Dr. H打分，在这种情况下，怎么可能汇报一点点负面的体验？与此同时，我还得在Dr. H的课堂上反复体会到和十几个"兄弟姐妹"一起争夺"母亲"注意力的不良感觉。这种感觉本来也是精神分析的设置所极力避免的，不论最初与Dr. K面谈还是现在和Dr. A，我每次去到他们的办公空间都不会碰到其他病人，因为让被分析者体验到咨访关系的唯一性，是促发移情和确保私密感的关键环节。这点暂且放下不谈，后来在反思中最令我痛苦的是，每当我针对工作关系说"好啊好啊"的时候，Dr. H没有问过我：到底好在哪里？或，我们的关系里有没有不好的地方？

我与Dr. H结束个人体验的过程是一个略有些惊心动魄的故事。去年冬天，学校长期以来对我的缺乏支持以及其他矛盾点的积累达到了一个顶点，我毫不拖泥带水地决定放弃以高分取得的博士候选人资格，从这所学校退学。在我看来，作为学校的高层之一，Dr. H应当为我和其他同学糟糕的就学体验负责，至少，由于从我这儿收了三年不菲的分析费用，她应为我没法在其中畅所欲言的个人分析负责任。可是在与她谈论我的负面移情以前，我得先为我自己负责。我首先征得了 Dr. H 以及管理博士生工作的教授的同意，很快地退出了 Dr. H 的临床讨论课，接着，我为自己和分析师安排了三次结束性的会谈。在那个时候，我没法去在意打了水漂的学费；身为仍对精神分析抱有信念感的新手，我必须把自己的个人分析放到最重要的位置上去处理。

那时我已并非纯粹的新人，对自己的种种感觉大都能有一定程度的觉察。最先提醒我自己对 Dr. H 发生了负面移情的事，是去年秋天的第一堂课。一年半的线上教学之后，我们重回学校。那天我到得比较早，当 Dr. H 抱着资料走进教室时，我不由得在心里感叹："她怎么这么矮！她的身高有一米五吗？"那当然不是我第一次见到 Dr. H 真人，早在疫情开始之前，我已去她的办公室与其面谈了一年多，她个子不高，是我早就知道的事实。那么还是同一个问题：为何偏偏在那时那地，Dr. H 的身高问题似乎牵动了我内心的什么东西？这时我已比与 Dr. K 工作时有了更多临床经验和更好的自省能力，我没有让自己轻易地放过这个问题。我意识到自己看向 Dr. H 因个儿矮而缺乏腰线过渡的腹部，心想：她是有孩子的，这我知道，可她是怎么以这么袖珍的身量怀孕生产的呢？那天当我站起来从 Dr. H 身前走过，去关教室的窗时，感觉自己像个女巨人。

回家后我还在想这件事，并终于明白了，我在这天第一次被 Dr. H 的矮小体型所烦扰，是因为我突然开始担心：她能否像母亲怀孕生产一样，在临床过程的象征意义上把我"怀上"再"生下来"？她小小的身体能装得下我这个 1 米 68 的"巨人"吗？

实际上 2019 年 Dr. K 办公室内的气味和窗帘，跟它们在 2017 年没什么不同，2021 年 Dr. H 的个头也不可能与她在 2019 年的身高有明显变化。是我内心和他们形成的关系发生了改变，我才在 2019 年春天好像是猛然闻到 Dr. K 室内不清新的空气，第一次发现窗帘的颜色与青春期的悲伤记忆有紧密的联系，我也因此才在去年秋天突然很在意 Dr. H 个矮这件事。对于后者，很可能我有大量的想法和感受需要表达，却又觉得她没法容纳我内心里奔涌着的这些东西，而对其身高的在意，以具象化的方式呈现了我对 Dr. H 的心灵空间"容量有限"的忧虑。这一点，我在结束性访谈中对分析师本人提起了。Dr. K 在 2019 年春天没有针对我的象征化沟通去进一步发掘和探索我的负面移情，而对 Dr. H，除了退课后的三次面谈以外，由于对我们之间还存在着的师生关系的顾虑，其他时间我只能自己默默分析我对她的负面感受，也因此，我并没在去年秋天的谈话中对 Dr. H 表达我对其身高的体验。这些都是我前两段个人分析中的巨大遗憾。

《华严经》说：一切唯心造。我上面讲的个人分析体验，或许可以佐证这一点。哪里有绝对的真实呢？——我们只能拥有自己所感知到的真实，而这种真实是发源于心（亦即精神分析术语中的 psyche）的一种感觉。就像 Dr. K 办公室在晚上六点三刻的气味，谁知道它到底清洁还是不洁呢？反正在 2017 到 2018 年的我的鼻子里它是好空气，但到了 2019 年的那个春日以及其后的每次面谈时，它在我鼻中就成臭气了。还有 Dr. H 的个头，我在同其咨询的前两年半都没有什么感觉，仿佛她"怀上"我没问题，然后去年她就渐渐地显得"装不下"我了。这可能就是为什么，在精神分析的临床工作中，分析师不能只听患者所表达内容的字面含义。在一个极端但真实的意义上，来访者不论谈论什么话题，其实指向的都是他们自己的内心世界，以及其中最根深蒂固的那套客体关系模式。因此分析师需要听到病人语词间的象征化含义，听到他们的"心"的声音。这么说的话，精神分析师和佛教徒一样，必然是唯心主义者：要是不相信心念的广大力量，如何能帮助患者转心回意，以至于最终境随心转呢？！

曾有访客这么问我：你能保证你对我讲的话都是绝对客观的吗？我当时回答道："你的问题假设了一点：客观的才是好的。我觉得或许我们应先对此打一个问号。至于我在面谈中说的话，多多少少都会带一点我自己的主观色彩，但是假若我的带有主观性的话语能够对你起到帮助，你会听取有益的部分吗？"患者表示同意。展示了世界和众生起源的伟大的大乘经典《楞严经》，曾向我心中楔入了"见我所有"的观念。佛陀在楞严法会上对大众开示：我们的肉身存在以及身外的山河大地等种种事物，其实都生发于那个具备妙有的"真心"[1]；我们所见、所感、所身触、所耳听、所鼻闻到的，早已存在于我们的自心当中了。举个也许能帮助理解的例子：一个抑郁的人有可能看什么都是灰暗的，无论听到别人说什么，也都倾向从负面的角度去解读，仿如戴着有色眼镜；他看到和听到的，是心内灰色在外境中的投影。临床工作里，在咨客向分析师倾诉内心事物的同时，分析师其实也在将自己人格当中健康并有助于病患的部分投注到对方身上。"一切唯心造"，听起来很玄很缥缈，但正因为心的力量如此深广，人格层面的良性变化才有可能在精神分析的过程里发生。不妨说，精神分析起效的原因之一，就是它往患者的心灵世界里装入良性的客体关系以及其他正面的人际体验。在我看来，"一切唯心造"表达的不仅是佛教宏大的世界观，也告诉了我们心的延展性和我们生而为人的适应力。

1　真心（true mind）：佛法概念，亦即"空性"，可参考《般若波罗蜜多心经》来理解。

精神分析的工作中，访客的象征化沟通是来自他们内心的对咨访双方的提示。我们的心远远比我们的大脑聪明，在脑子能意识到一件事以前，心早已对它清清楚楚了。而且我觉得，象征化沟通这件事在生活里也时时发生，只不过在一个集中的分析性的临床空间里，可以更清楚地看到它的轨迹。几年前，有位年轻人因害怕开车而来到我的办公室。许多问题和澄清之后，我发现这位来访者其实不会开车，但对开车这件事的恐惧已经影响到了他的日常生活。当我在象征的层面思考这个问题，我意识到，害怕开车是病人问题的表象。开车象征了对人生的掌控，而成长于控制型父母的保护下，该患者既向往自由（如，自由地开车驰骋于自己的人生），又因担心失去父母的保护而感到焦虑。所以说，害怕开车这一症状体现的是病人心灵里的一个基本冲突：对自由的渴望和对失控的恐惧。

今年以来，在与 Dr. A 的分析工作中，或许是由于她放松且专注的工作状态，她作为老弗爷理论衣钵传承人的深厚功力，也由于我们每周四次面谈的高频设置，头一回，在个人分析中，我身为写作者的创造力和想象力得到了发挥，在面谈中有过多次象征化的移情表达。某个春日，当我停好汽车冲向 Dr. A 的办公室时，突然感到自己像一只小兔子蹦蹦跳跳地来到山洞门口（分析师的办公室在地下，那时给我山洞之感），而站在门口笑容可掬地等待我的分析师，则在我的感受里像一只高大的熊妈妈，而且她是棕熊，尽管 Dr. A 是白人。我把这种感觉告诉了她，并在自由联想中提到了《爱丽丝漫游仙境》里那只跳进山洞的兔子。Dr. A 评论道："看上去，来到这里你是希望获得一场奇遇。"我的个头明明比分析师高一些，但在我的感觉中，我是小兔而她是大熊，因为 Dr. A 明显是一位内心空间非常干净、空旷的分析师，每个礼拜有四次，她把这个空间留给我使用。还有的时候，我脑海中的自己是动画片里拟人化的学生兔，背着书包蹦进熊妈妈或熊老师的山洞，期待从这里学到技能。而最近这周，我在某天走进 Dr. A 的分析室时，看到一只可爱的花栗鼠在我面前跑着。我以为它会沿着往下的楼梯跑到地下室入口，但这只小动物却跳了几下就跑出后院消失了。那时我有个念头闪过：没准儿我就和这只背部有花纹的小栗鼠一样呢。Dr. A 仍然是熊妈妈，我在自己的感知里却体型愈发缩小，变成了鼠类，这很有可能提示了我在分析空间内的进一步退行。

精神分析是心与心的一场奇遇，每一位患者都是带着自己的心内之物与分析师相遇的，而分析师回馈以自己身上和人格里已经被治疗过的、健康且有生命力的部分。在病人能以言语清晰地表达自己感觉到了什么、想要什么、自己的爱恨和冲突之前，分析师在相当程度上都是通过访客的象征化沟通来了解对方的。分析师听到的是病人的言辞，却需要默默地将这些言语翻译为对方内心世界里的重重影像和细语中的呼喊：我爱……，我恨……。就像 Dr. A，她温柔地接下了我赋予她的熊妈妈角色，开始在一个冬暖夏凉的山洞里认真抚养一只小灰兔，不，现在它是一只带着棕色花纹的轻快小鼠了……

2022 年 9 月 10 日

精神分析候选人的第一课："培养"病人
——精神分析的当代危机和解决之道

We're here to experience people as a reason for love.

——安德烈·塔可夫斯基电影《飞向太空》(1972)旁白

精神分析这条职业道路意味着对人性和人心的无尽好奇，永不间断的自我探索，面对人生真相时的勇气和接纳，以及对爱与慈悲不息的信念和追求，所以它并不会让从业者时时舒适，反而会带来数不清的、常常很艰巨的挑战。2017年春天，为了帮助自己决定是否要成为一个精神分析师，我读了三本书。我当时的分析师 Dr. K 说，弗洛伊德的《文明及其不满》是一本易于理解的书，适合作为入门读物。可惜我身为具有宗教精神的人，感到难以接受老弗爷对宗教的质疑，也就没有读完这本书（现在我会推荐收录了老弗爷1909年在美国克拉克大学对公众五次演讲的《精神分析五讲》[1]作为了解精神分析的入门书，这一系

1　Freud, S. (1910). *Five Lectures in Psychoanalysis. Standard Edition*, vol. 11.

列演讲的总标题是"精神分析的起源与发展")。当然，他的出发点带有个人的历史印记，有犹太知识分子对犹太教和一神教的批判蕴含在其观点中，但那时的我并没有去思考这些细节。是菲莉斯·梅多的《新精神分析》[1]令我初步了解了精神分析的临床过程和"情感沟通"的概念，也促使我选择从社工学院毕业后去她参与创立的研究生院系统地学习"现代精神分析"。我虽已离开这所学校并对其教学方式颇有不满，但梅多博士是我很喜欢的精神分析理论家，我所读过的她的书和文章全都充溢着对人性的深刻理解和对病人的巨大悲悯。我读得最有兴味的一本书，则是美国记者、《纽约客》杂志撰稿人珍妮特·马尔科姆的调查纪实作品《精神分析：不可能的职业》[2]。这本书的内容基本上是关于二十世纪七十年代，但读来却不令人觉得十分过时。作者的主要采访对象来自纽约精神分析学院[3]，因此除了介绍弗洛伊德思想的发展、精神分析界的理论分歧、对精神分析治疗的实证研究、来访者的可分析性、移情与终止关系的问题，还涉及了 NYPI 的秘闻和八卦。读到该书所描写的分析师面临的挑战和职业性伤害，反而愈加

---

[1] Meadow, P. (2003). *The New Psychoanalysis*. Roman & Littlefield Publishers.

[2] Malcolm, J. (1982). *Psychoanlysis: The Impossible Profession*. Knopf Doubleday Publishing Group.

[3] 纽约精神分析学院：即 New York Psychoanalytic Institute，简称 NYPI；该机构现名为 New York Psychoanalytic Society & Institute，简称 NYPSI。

激发了我想要接受精神分析训练的动力：把不可能变成可能，或者至少永不言弃地接近那个真实表达、真实沟通且心灵自由的可能性，会是多么美妙的一件事！

然而通往自由和真实沟通的道路其实布满荆棘，这一点对分析师和被分析者没有什么不同。这周的临床研讨课上，做案例报告的女同学难掩兴奋之情，一时略显不安地问我们："我太喜欢这个病人了，我的兴奋感可能都让病人觉察到了，怎么办，会不会不太好？"一时又满脸带笑地宣布："这位患者现在出去旅行了，这两周没有跟她面谈，我可是非常想念她！"同学比我年轻，本职工作是在美国最好的肿瘤医院之一，对临终病人进行心理关怀。她带有"精神科医生"的光环，却会由于自己的私人来访中有这么一位病人——愿意与她把一周两次的面谈频率调整为每周三次——而高兴得合不拢嘴。对我的同学来说，这是一个极好的兆头，说明这个案例未来有可能发展为每周面谈四次的真正意义上的精神分析个案。同学的快乐很有感染力，我为她高兴，同时也提醒自己，需要继续耐心地等待第一个愿意在我的陪伴下走入魅力无穷的精神分析世界的病人的出现。他或她，一定会出现的。

我和我的同学们是本地精神分析学会的候选人，我们全都面临着做满三个高频分析个案才能毕业的压力。九月份刚入学，过去的临床经历就提醒了我，找被分析者会有多困难。我这几年的工作经验已经证明，在许多来访者的观念里，一周见一次都太多了。在梅多博士开创的学校学习时，我被教导要顺应甚至"加入"病人的阻抗，因此会在初始访谈时让患者自己选择他们想要的谈话频次。这一做法的本意是避免高频会谈给"自我"脆弱的病人造成不必要的心理负担，却在实践中演变成了僵化的教条，无论碰到什么样的来访者，都为他们提供相同的选项。读者或可猜到，多数访客在面对这一情境时都会选择两周一见；甚至有的人会告诉我：我们一个月谈一次吧。直到前述做法使我在每次休假后都面临工作时间表的"崩溃"，直到我通过实践，发现低于一周一次的心理治疗很难有任何疗效，我才在白胡子督导的帮助下掌握了更有效的帮来访者适应一周一次谈话节奏的方法。可是患者自发地选择低频面谈无可厚非，毕竟我们生活在一个节奏超级快的后现代社会，快餐式饮食和购物消费、网络流行文学、好莱坞大片以及令人眼花缭乱的流媒体推送内容都能给人提供快捷得多的即时满足，干吗还要费钱费力地往精神分析或心理咨询这种开放式结局的、没有看得见摸得着收获的事情里去投入呢？

我上面说"找被分析者"事实上不够准确，因为我不可能出门去找，而只能坐在自己的办公室里等待。我们的现状与老弗爷所处的十九和二十世纪之交的维也纳实在太不同了，那时的人们或许仍怀有一丝古典情结，现在则几乎不会有哪个需要心理服务的人会在第一次联系分析师的时候明确地告诉对方：我想要接受精神分析。反之，作为临床工作者，我时常能在咨客们的治疗目标里听到烙印着时代精神的实用主义声音：我想要你给我提供解决情绪问题的方法，而且要快，要高效。唯一的例外可能是我和我的同学们自己身为受训者去找训练分析师的这种情况。所以，我这个才刚刚起步的精神分析候选人，要怎么做才能获得第一个控制案例[1]呢？

现在的训练项目甫一开学，就让我们读美国当代分析家、精神科医生霍华德·勒文（Howard Levine）那篇关于"培养病人"的著名长文[2]，可见老师们已经预见候选人会为"控制个案"的事情着急，并一早开出了"培养病人"的药方。由于去年上过勒文医生的一个为期四周的网络课程，我当时就去读了他的这篇文章，并通过他的引用信息而找到了一本特别有意思的书，这便是阿诺德·罗斯坦（Arnold Rothstein）的《精神分析技术以及分析型病人

---

[1] 控制案例/个案（control case）：由接受精神分析训练的候选人在认证督导师的严格指导下进行的临床个案。
[2] Levine, H. (2010). Creating analysts, creating analytic patients. *International Journal of Psychoanalysis*, 91 (6).

的培养》[1]。罗斯坦大夫一定是一个挺有趣的老头子，在这本书里，他喋喋不休地重复着两个意思：其一，身为从业者，我们自己必须对精神分析的益处深信不疑，才能真的帮患者从这一治疗取向中获益；其二，不要想着哪位访客能从一开始就投入进高频面谈，所有个案中多多少少都含藏着开展精神分析的可能性，通过逐步的心灵工作是可能将原本无意于和不适合精神分析治疗的来访者培养成分析型病人的。这本书里讲了许多有意思的案例，似乎印证了作者的观点。阅读此书时，我仿佛看到一个对精神分析事业充满热情和忧虑的长者站在讲坛上，声嘶力竭地向大家布道他为行业危机找到的解决办法。勒文医生洋溢着智慧的文章进一步加深了我对这个问题的看法——光是"培养病人"并不足够，为了与一个患者开展分析性的工作，还得同时把自己培养成这位患者的精神分析师：从业者首先须具有分析性的头脑，要能够想象自己与这位具体的来访者进行分析性工作是怎么回事。勒文医生建议分析师们思考的问题包括：既然精神分析的临床过程势必带来强烈的情绪反应以及浓烈的关系亲密性，那么某位特定的咨客为何需要分析性的治疗？患者将如何从类似于一份全职工作的——这是我加的，我的真实体会——高频面谈中获

---

[1] Rothstein, A. (1998). *Psychoanalytic Technique and the Creation of Analytic Patients*. Routledge.

益？来访者在每个具体时期的阻抗的含义又分别是什么？

精神分析的临床过程本身是漫漫长路，绝对不可能一蹴而就，在正式开始之前它会有一个准备时期，这也是可以理解的。关于"培养病人"这件事，可以讨论的方面有很多。不过就我目前的理解来说，在这个准备时期，帮助患者发展出对分析师的充分信任——也即足够的正面移情——是非常重要的。我的训练分析师 Dr. A 是知名的精神分析家，即便如此，在与她工作之初，我也并不是没有犹疑。这一点并没出现在我的意识层面，却呈现于一个梦里。与 Dr. A 面谈了六次之后，我做了这样一个梦：

> 我在分析师家，被请进一个不像她办公室的房间。我背对分析师坐着，长方桌子在我背后，我面向门口，听分析师讲话（或者是讲课？）。分析师站在桌子后、黑板前面。她讲了一个工作案例，然后问我觉得她为什么会对病人说这些话。我答：你说这些话就让病人知道你懂了她的情绪。接着，Dr. A 在黑板上写了一个首字母缩略词，由好几个词语组成，让我记住，以应用在工作中。我扭头看黑板，看到第一个词是德文 alles（一切）。

我们刚开始一起工作的时候，"奥密克戎"肆虐，大众对其了解有限，还处于严阵以待的时期，故而那时我们的面谈是在线上，我还没见过 Dr. A 的真人。我曾因之前学校的分析师 Dr. H 个子矮而产生过"她能否容纳我"的疑问，这个梦提示我，此时我也在暗暗担心：万一 Dr. A 也是位小个儿女人怎么办？她到底能否以其身体（在这里是她心灵空间的象征）把我"怀上"再"生出来"？尽管有疑，但同时我又很希望她能够"容纳"我，所以在梦里，我坐着而她站着，并且是站在我身后，这使她肯定比我高，而且我无法时时以目光去度量她的身高。那个德文词则确切无疑地表明，我想要在与分析师的沟通中"说出一切"，把一切都告诉她。这其实是精神分析的一个一贯目标，是每位分析师都需要帮自己的被分析者懂得并实现的，也因此，在我的梦里，alles 这个词是由 Dr. A 写在黑板上。

今年夏天，Dr. A 休了一个月的假。我们再次见面的时候，我觉得那五十分钟的谈话极其漫长。在分析师面前躺着，我是不好意思看手表的，但我反复在心里自问："这次谈话怎么还不结束？这简直没完没了啊！"老弗爷在《论开始治疗》[1]一文中论述高频会谈的必要性时，曾借用"礼拜一的面包壳"（Monday crust）作为一个很形象

---

[1] Freud, S. (1913). On beginning the treatment. *Standard Edition*, vol. 12.

的比喻。他的工作方式是每周与病人见六次，只有星期日空出来。他逐渐发觉，即便就这么一天的间隔，也会在患者已经通过六天工作而裸露出来的潜意识内容上再覆一层硬壳。每星期会面六次尚且如此，何况我与 Dr. A 一个月的隔离呢？！我觉得那天的谈话"没完没了"，是因为我感到了无聊以及不知该说点什么的困惑。造成这种感觉的原因，大约是分析师的休假让我对其重新有了陌生感。精神分析的工作过程中，当然不会每一次面谈都让病人感到有话可讲甚至有趣、有收获，相反，枯燥和无聊的感觉也会经常袭来。虽然我常感到我从与 Dr. A 的谈话中受益良多，但在人格层面某些特点和生活事件的偶然性的共同作用下，我也或多或少会在咨询室的躺椅上经历枯燥、无聊和漫长的时刻。后来我跟 Dr. A 沟通我的感想，说："这次的体验令我明白了先帮病人建立起足够的正面移情的重要性，不然的话，碰到这种无聊、感觉不熟悉对方且需要重新适应的时刻，来访者可能就要走掉了。"

我在这里所谈的种种感想，尽管是从身为病人的角度出发，但实际上也包含了精神分候选人的角度，因此我亦会想到，对于那些不以临床工作为业的普通访客来说，他们所面临的困难和挑战会更艰巨，因为他们并不是为了完成某种外部要求而必须来接受精神分析的。既然精神分析这么漫长而艰难，做分析师不容易，做被分析者也许更不容易，而且每一个分析关系都是一对一、不可复制且需要培养和发展的，为什么精神分析还存在着？为什么一百多年来它薪火相传至今仍未止息？为什么我和我的同学们还要学习如何掌握它？为何我们——我的同学、老师，这个领域所有的同行和前辈们以及其他那些曾因精神分析而接近了自由的人们——都对这种治疗方式怀有深深的信念感？

美国分析师莉娜·厄里奇（Lena Ehrlich）有一篇讲"精神分析开始于分析师的头脑"的文章[1]，为我启发了上述问题的答案。据她所说，当分析师向一位患者推荐精神分析这种疗法时，是在他们感到任何低频治疗都无法切实地帮到病人的时候，也是在他们发现，病人对自己所承受的痛苦尚未全面感知甚至有意无意地淡化处理时，这同时亦是分析师向访客投注巨大共情和接纳的开始。想想看，对比一周面谈四五次和一周只见一次这两种工作模式，咨访双方的参与度和投入感都是有极大差别的。因此当分析师推荐精神分析疗法时，我认为，分析师是在向病人征求许可：你能允许我跟你一起来了解你最深层的痛苦吗？在某

---

[1] Ehrlich, L. (2013). Analysis begins in the analyst's mind: Conceptual and technical considerations on recommending analysis. *Journal of American Psychoanalytic Association*, 61 (6).

种意义上，只要人类的心灵痛苦仍然存在，精神分析这个"慢工出细活儿"的手艺人行当就不会消亡。

我与新督导 Dr. J 工作的内容就是发展出我的第一个精神分析个案，每周我们都只讨论同一个我们双方认为有潜力——虽然可能性还不太高——变成一周四次面谈频率的案例。最近我向她抱怨："我一直在对这个病人进行投资，可是您看，希望越来越渺茫了，我的投资要打水漂了。"Dr. J 说："你每周过来与我讨论这个案子，付我的督导费，这自然是一笔投资。可患者却似乎越来越无法对与你继续工作有什么承诺，你的失望我可以理解。"她接下来的话使我又一次从她身上学到了关于慈悲心的生动一课："你的失望源自你希望这位病人成为你的控制个案，但是要记住，这是你的希望，不是病人的。不妨换一个角度考虑你的投资收益：就像你所有其他的咨客一样，这位患者也将从你这里获益，而且由于你与我所进行的密切督导，患者将受益非常多。你的投资是有收益的，只不过，直接收益方未必是你的精神分析学业。"我听后心里生出万千感慨和感动。

正如 Dr. J 和 Dr. A 不断地帮我长养慈悲之心，我觉得，当我未来能在工作中向一位来访者推荐高频精神分析治疗时，也即是我把从前辈们那里继承到的慈悲种子种在访客心里的时刻。这粒种子将在一段漫长而有信念感的关系中发芽长大，并最终以满树冠绽放的鲜艳花朵向世界宣布爱意：爱自己，爱生活，爱工作，也爱活着和死去的每一个人。

2022 年 10 月 22 日

A Wish to Live, a Wish to Die[1]
——由个人经历浅析弗洛伊德"驱力说"

> We were expected on earth.
>
> ——让-吕克·戈达尔电影《悲哀于我》(1993) 旁白

> 此有故彼有,此生故彼生。无明缘行,行缘识,识缘名色,名色缘六处,六处缘触,触缘受,受缘爱,爱缘取,取缘有,有缘生,生缘老死愁叹忧苦,身心焦恼,如是种种,生起纯大苦聚。
>
> ——《大宝积经》

杯中残余的一点蓝梦在我漫无边际的黑色坟墓里闪着幽蓝的光,我感到自己的心和手都在黑夜不见处颤抖着,而那双写满爱之痛楚的绿眸子,无比清晰地出现在我眼前。这最后的蓝色鸡尾酒,是我与那位碧

---

[1] 本文标题受德国作家 E. M. 雷马克(Erich Maria Remarque)小说《爱与死的年代》(*Zeit zu leben und Zeit zu sterben*)标题启发。

眼女人仅存的联系……

——李沁云《蓝桥》(2020)

2020年早春是一个寂寞冬天的延续。新冠疫情的蔓延迅速地改变了人们的生活方式，与之相应，我的工作也全部转到线上。独居在麻省小镇家里的半年间，我与活生生的人的接触缩减为零。除了得定期把垃圾推到路边等待被取走，我几乎足不出户，甚至在每周四天的工作和上课时间之外，连话都不需要说。日落日升的循环中，我沉默地睡眠、进食、读书、思考、感受，在本来应有四个人居住的房子里来回走动。可我孤独的踱步无法改变时间的轨迹，春天仍不可避免地来临；空荡荡的房间里，时间也并不会比在外部世界里流逝得更快。我所发出的无声的叹息——它们只能是无声的——似乎使家里这所小房子都变得更加沉重：它像一座坟墓，重重地压在我身上。

坏消息一个接一个，世界各地，每天都有人因为这一新发的凶猛病毒而死去。我常常想：为什么在此时会有新冠疫情？它是否源自我们全人类的集体死本能？那段时间里，只有通过看电影，家里才有一点生活化的音响。并非出于偶然，我观看了丹麦大师德莱叶的黑白默片《吸血鬼》、德国导演赫尔佐格的《诺斯费拉图》，并重温了我最欣赏的吸血鬼电影——韩国鬼才导演朴赞郁的《蝙蝠》。

我感叹于自己在这样的日子里活得像个不为人知的幽灵，也许，也像一个得不到血液滋养的吸血鬼。生命力仿佛在日复一日间汨汨流走，假若如我们优美的中文所说，每人都有一片心田，那么我的心田一定是龟裂的恶土。与此同时，我亦感到有一种力量在自己的精神领域被焕发，它好像在哪个不知名的地方激奋地奔腾着，它来势汹汹，想要毁灭掉什么：是的，我想杀死我自己。死亡在那时对我有着强烈的吸引力，死去意味着我可以获得自己的鲜血，也意味着寂寞和空虚的完结，它甚至有可能成为我生命的最高峰。幸运的是，我对情绪的清晰感知没有走向失控，而相对清醒的自省能力告诉我：我自身的死的愿望（death wish）被新冠时期的悲剧，被我们所身处时代的集体死本能给唤醒了。

那时的我站在一个岔路口：是让自身的毁灭性力量主导生活，以至于最终加入占据了时代舞台主要位置的集体死本能，还是以仅存的生命力去扭转死亡驱力的走向，使其得到缓和与升华？2020年春天这一次，不是我有生以来第一回面对死亡的强大诱惑力并战胜了它，但却是首次，我清醒地应用了我所理解的弗洛伊德"驱力理论"去处理这个困境。所有的积雪都消融了之后，那年四月，我花了十一天的时间，写出了中篇小说《蓝桥》。与标题的浪漫、飘逸相反，这部作品其实是一个沉重、苦涩且充满身心的疼痛感的故事：当一位反社会人格的内向者遇到他觉得能真正理解他的第一个女人，他杀了她并吮吸她的血；不仅如此，他还把她的血液收集起来，在后来的日子里慢慢享用。为了使主人公具有我的特征，我把他设计为一个作家，而正如一切虚构作品中的人物都是作者内心世界里的影子，《蓝桥》中心甘情愿被杀的中年女性也代表了我自己。完成这篇小说的那一晚，我写得通宵达旦、几乎未眠。在自己笔下涌出的文字里，我体验到了肉身被割开的疼痛以及精神上的巨大震颤——通过写作，我既经历了杀戮与嗜血的欣悦，也感知了死亡的痛苦和快乐。也就是说，不需要真的杀掉自己，我便已获得了我的死亡冲动所向往得到的体验，释放出了自己的"毁灭性冲动"（destructive impulses）。当第二天的阳光透过窗玻璃洒在我身上，我觉得，我又活了，又能承受着寂寞和沉默的感觉继续活下去了。

"驱力理论"（drive theory）亦称"双驱力理论"，它与"结构论"（亦即从心灵的功能中划分出"本我""自我"和"超我"）共同构成了弗洛伊德精神分析思想的重要框架。第一次世界大战使老弗爷目睹了战争对人类心灵所造成的创伤，通过治疗从战场回来的一战幸存者，他发现了"强迫性重复"[1]的现象，并修正了自己早期所主张的只强调

1　强迫性重复：参见本书第 19 页注释。

力比多（libido）的单驱力理论，也即"快乐原则"。弗洛伊德于原有理论基础上提出了"死亡驱力"，在《超越快乐原则》一书中发布了他晚期思想中这最重要的一环。在老弗爷看来，生本能和死本能都是生物性的驱动力，前者趋向于维持生命、继续成长、寻求性欲及其他需要的满足，而且也在追求这些目标的过程中和其他个体相联结。死本能则是朝着静止、重复与毁灭的方向驱动生命体的，它以生命体的死亡为最终目标，死本能的这种取向即被命名为"强迫性重复"。这两种生物驱力之间此消彼长，常常会形成冲突。

一般来说，生本能比较易于理解，那么，人为什么会在心灵中携带着死亡驱力呢？弗洛伊德将两种相反、相克的力量都定义为生物性的，也就是说，每个人自出生时起就已由生物特征决定，带有各自一定量的两种本能，没有这之外的原因了。随着对自己身上生死本能力量的体会逐渐加深，我也倾向于认为，这一现象是老弗爷发现的而不是他发明的。而且"驱力说"的内容似乎很接近佛家通过"十二因缘"所讲的"生死相倚"的观念。我们死本能中的毁灭性力量不但想让自己的生命终结，也会想杀死他人，这里的他人时常包括我们深爱着，但也有理由恨着的亲密客体。实际上早在 1900 年出版的《梦的解析》一书中，老弗爷就通过探讨"亲近的人死去了"这种常见的梦中场景来解析人性。在本书的第五章，他首先分析了儿童对自己手足甚至父母的死亡愿望，然后借由案例来说明，成年后对这种愿望的过度压抑可能会导致癔症。在这里弗洛伊德初步论述了"俄狄浦斯情结"[1]，并深刻地指出俄狄浦斯王的故事能流传千百年而魅力不衰的原因：俄狄浦斯实现了我们每个人仍保留在内心深处的童年幻想和愿望——想要杀掉自己的父亲（或母亲），从而能够完全占有另一位父母，这是普遍的人性。

可见，我们的死亡驱力中含有丰富的信息。希腊神话里的俄狄浦斯受命运驱使，完成了他弑父娶母的人生悲剧，然而弑父是为了与母亲融合。与此类似，所有的吸血鬼故事中都包含一个悖论：血在吸血鬼叙事里是爱和生命的象征，出于对爱的渴求，每个吸血鬼都会被他所爱女人的血液吸引；为了获得爱，每个吸血鬼都忍不住把头埋在心爱之人的脖颈之间，贪婪吮吸她们生命的汁液，并因而导致对方的死亡（或也化成吸血鬼），不论他是不同版本电影里的一位位德古拉伯爵，还是宋康昊扮演的韩国天主教神父。很显然，我的作品《蓝桥》也是一个吸血鬼故事。我笔下的男作家之所以要杀掉他爱上的绿眼女人，是因为对这位反社会人格者来说，杀死对方才能长久地拥有

---

[1] 俄狄浦斯情结（Oedipus complex）：精神分析术语，请参考本书第64页对"俄狄浦斯期"的释义。

她，而把女人的血液一滴滴放进鸡尾酒中饮用，则是把她一点点地融合进了自己体内。我不否认这是浸润了我个人特色的婴幼期幻想（infantile fantasy），而且我很清楚这位反社会人格者和这位似乎是个受虐狂的女性都来自我的"本我"深处。然而这种既幼稚又血腥的幻想难道不是曾经存在于我们每个人的内心吗？比如说，当幼童看到自己的妈妈（或其他女性）怀孕了，他们会不会觉得是妈妈把一个小孩儿吃进了肚子？他们会不会以为"把对方吃进肚子"代表着爱与联结？他们会不会因而想要杀掉妈妈（或爸爸）并将其吃下肚去？我觉得这些都是有可能的。我小说的标题已经提示了对联结的渴望："桥"的意象代表着沟通和联结。因此写这个作品的意义还在于，在跟世界日渐失去联系的时刻，我以纸笔为传声筒，发出了呼唤人际沟通与联结的声音。

几年前初次学习"驱力理论"时，我并没有太多特殊的感受，只觉得它是老弗爷脑洞大开的奇思妙想。毕竟不论生本能还是死亡驱力，都不是看得见、摸得着的东西。可是大疫之年的这次写作经历，使我体会到了这一理论的力量。与此同时，我意识到自己是一个怀有顽强生命力和几乎同样强势的死本能的人。也就是说，我常常会体验到极其强烈的冲突感：那儿有一个想要健康地活着，工作得越久越好，留下许多作品与成就的愿望，也有一个"人生虚无，活着无非是忍受疼痛，死了该有多好"的音符，在持续发出哀婉的强音。

去年夏天，一纸医学诊断书使我发觉，我再一次受到了源于自己生命暗黑处的死亡驱力的威胁。秋天开学后，我在当时的学校并未因患病而获得任何关照，反倒是先后被明知我身染重恙的两位老师言语攻击。我每日开车上班都会经过一个水库，由于风景优美，它实际上更像一个公园，天气晴好时是人们散步和慢跑的好去处。可那段时间恰好秋冬交替，我每次经过时看着车窗外不断肃杀起来的冰冷水面以及飘进水中的枯叶，都觉得这水库仿佛是蓄着我的力比多能量的"生命之湖"：它的水面一点点低下去，还将最终冰封，就像我感觉生命力在一天天地从我身上溜走。终于，在第二个老师对我说了攻击性的话之后，我想，这样下去不行，应付疾病已经耗去了我大量的精力，这个环境不但不能帮我增长力比多，反而会将其耗竭，我必须想办法改变。后来我很快决定退学并寻求其他接受精神分析训练的机会。现在我能在精神分析学会这个充满生命能量的新环境里学习，每天都很开心，是因为去年的那个冬日，生本能在我心里闪现了灵光。我毫不犹豫地抓住了它。

新冠疫情在全球范围内的缓和，象征着人类的集体死本能得到了控制。作为个体，我也仍然活着并孜孜不倦地工作、写作，我的力比多仍然主导着我的生命。欧文·亚隆在自传《成为我自己》中，花了整整一章去谈他在进入老年后撰写《直视骄阳：征服死亡恐惧》一书时的想法。自身的病痛和死亡的趋近是一方面，另一方面是他发现，许多病人的心灵痛苦中都掩藏着对死亡的恐惧。亚隆的出发点是存在主义哲学，作为一个非常人本的治疗大师，他关注我们作为人而活着的生存状态，以及这种状态里所蕴含的普遍化、基本性的痛苦。工作中，我也会很关注病人的死亡议题和死本能，"驱力理论"是我对个案进行思考的一个重要维度。我对死亡问题的关注与亚隆略有不同：既然几乎没有人不惧怕死亡的临近，那么要怎么去理解我们每个人身上都多少存在着的毁灭性倾向及它所代表的死亡驱力呢？临床工作中，攻击力和毁灭性强大的患者并不鲜见，当他们出现在我的办公室里，我该如何以自己的生命力去帮助对方扭转他们身上的强迫性重复力量？"扭转"是一个长期目标，而且或许是一个带有分析师主观色彩的说法，因为改变的第一步是让我自己和我的病人们都不再惧怕潜意识里的黑暗浪潮，在我自己明白了以后也帮来访者们明白：我们内心深处存在着毁灭性的冲动是正常的，那是我们在婴幼期未能被满足的愿望的遗迹。尽管为了维持心理状态的健康，为了在社会里做一个守法的正常人，我们已无法直接去满足自己的婴幼期幻想，但人们依然可以通过写作，通过追求事业，通过拍电影，通过读书和探险旅游等许多其他方式来获得升华型的体验。

曾有朋友问我："既然你已经生活得很幸福，为何还要花这么多时间去接受精神分析？"我说，因为我相信，我还可以经由深入地认识自己而活得更加幸福、更加自由。与老弗爷"驱力理论"相伴的这一段人生，并不是风平浪静的生活旅程，它其实充满令我百感交集乃至悲从中来的时刻；我知道这些时刻里，从不缺乏人性的灵光乍现。而我感恩于我的际遇：多年前母亲诞下我的那个夏日夜晚，虽然生命密码中可能写进了过多的向死本能，可我也同时带着更充沛一点的生的力量。代表着那个力量的第一声婴儿啼哭早已消失在时间的长廊里，然而这份能量仍跟随着我，并希望借由我的写作抵达阅读这些文字的你。

2022 年 11 月 5 日

幻影重重的世界里，那个孩子仍在无声地呼喊
—— 精神分析为何要谈论童年

Wer, wenn ich schriee, hörte mich den aus der Engel

Ordnungen? ...

... Stimmen, Stimmen. Höre, mein Herz, wie sonst nur

Heilige hörten ...

... Aber das Wehende höre,

die ununterbrochene Nachricht, die aus Stille sich bildet.

Es rauscht jetzt von jenen jungen Toten zu dir.

谁，每当我呼喊，会在天使的序列中

听到我？……

声音，声音。听啊，我的心，正如唯有

圣徒听见过的那样……

而我听着微风里

那由寂静形成的，永不间断的讯息。

它此刻正从那些年轻的死者处涌向你。

——莱内·马利亚·里尔克《杜伊诺哀歌·第一首》

（自译）

多想要向过去告别，当季节不停更迭。／却还是少一点坚决，在这寂寞的季节。

——娃娃《寂寞的季节》歌词

在中文世界里经常会读到对精神分析的批评论调，其中很常见的一个声音是：精神分析为什么总叫人谈论自己的童年？精神分析"叫人"谈论童年是不是事实，我们可以稍后再说。不过每当我在网络论坛上遇到这样的质疑，我总是想到，会有这样的问题提出来，大约表明发问者对回忆和探讨自己的早期人生体验带有某种阻抗，而阻抗的存在必然意味着，它所阻抗的东西会造成痛苦。确实，并非每个人都有愉快的童年记忆，我亦属于不愿回到童年的那一人群。近年来，随着大小节庆都变得愈发商业化，"国际儿童节"也成了小孩子和成年人共同的节日，每到那时，社交网站会邀请用户分享儿时回忆，而大小商户也纷纷打出"童年的气息""儿时的滋味"这样的广告语。这些东西里面都隐含着一个假设：童年是幸福的。很可惜，这类推广手段对我一点用也没有，因为我清晰地记得，小时候的每一天，我都在急切地盼望长大。

所以尽管我可以理解，在某些人看来，童年意味着对父母的依赖和无忧无虑的时光，但我也不会忘记，对另一些人来说，童年的体验是人格不独立的屈辱交织着对长大的渴望以及对人生自主权的强烈向往。与第一个分析师 Dr. K 工作期间，我在最初两次面谈中主动涉及了一些幼年往事，然后在随后的三年半里从未再回到这个话题上来。这自然是我清醒的阻抗，现在我觉得，一周一次的低频谈话频率或许也妨碍了话题再深入到人生初期，毕竟在每周只见一次的框架里，临床面谈能维持与现实生活进展的同频就已经很不容易了。我自己后来的工作经验证明，其实除了在最初的评估阶段，分析师可能会直接问起患者的幼年情况，其后的会谈里，这个话题一般是由处于种种叙事情境里的来访者自己提起的。老弗爷在《论开始治疗》一文中分享他给病人的指示时说，分析师要告诉患者：把一切你觉得该说或不该说的都告诉我，想象你是坐在火车靠窗位置的乘客，车窗外的风景（也即病人的内心景象）你能看到而我不能，因为我在靠走道的位子上坐着，请把你所见的窗外的一点一滴都原原本本地告诉我。既然精神分析的临床过程鼓励患者"说出一切"，那么每个人的童年自然也包括在其中，况且一百多年来，这一领域的理论和实践都证明了早期人生经验对人格塑形的巨大作用。这么看，我与Dr. K 的对话在初始访谈过后始终没有回到童年话题上来，或许是我们之间对话的分析性色彩还不够深的一个佐证。

幼年经验对人格的塑造是我早已掌握的知识，但是直到最近，我才在训练分析当中切身体会到童年情景对个人生命的深远影响。今年早些时候，我在国内某论坛收到素不相识网友的私信，对方谈论了自己的心理困扰，并且向我讨办法。看到这条信息，正是在我临睡前要关掉手机时。我感到气闷，并为自己的气闷而烦恼。第二天，我就跟分析师唠叨了这件事。我讲道，这样的事不是第一次发生了，我知道可以怎样有礼貌地拒绝对方的要求，并建议他们在本地寻求心理援助，可头天晚上我的第一反应是生气，觉得这个人毫无界限感，不过，我明明马上要睡觉了，干吗要对一个我根本不认识的人，在这么一件不足挂齿的小事上生气呢？我对 Dr. A 说："生气可是一种强烈的情绪反应啊，在这件事上真的值得吗？于是我一面生气，一面便又因自己的气闷而自责。"分析师同时在行动和心理这两个层面给了我建议。她首先告诉我："你不妨这么回复这个人：我很乐于帮助你，我的心理治疗收费标准是每小时二百美元，欢迎与我开始工作。"我一听就咯咯笑出了声。Dr. A 这个说法里的幽默感和游戏性正是我的性格中所缺少的，但也是在成为一个分析师的道路上必须发展出来的，其中蕴含的边界感可以提醒听到这话的另一方：我的服务有很高的价值，请放弃希望我通过回复私信的方式来帮你解决问题的这一期待。

在心理层面，Dr. A 提示我说："你对这样的事产生了强烈的反应也没关系，我们可以去探索和理解你生气的深层原因。"我想到在生活中，当别人缺乏界限意识的时候，我总是会被触怒。比如，有事想询问我的时候不直接说，而是带着吃的喝的上门，弯弯绕绕了很久之后才触及正题。我抱怨道："每次我都以为人家是因想交朋友而来拜访，后来却发现不是。有事就直接说事嘛，为什么要拿着礼物，好像朋友一样坐进我家来寒暄？我的生活里不需要这些虚头巴脑的东西，这是在浪费我的生命。"分析师实际上对中国文化了解不多，她也曾向我主动袒露，她只在多年前去香港出过差，此外没到过国内的任何地方。可能是对人性的深入理解和对文学、哲学的广泛涉猎使她在这样的时刻——谈话中有非常浓重的异文化色彩的时刻——仍能继续引导我把探索进行下去。我记得 Dr. A 当时问我："这是否是农业社会的一种残余？"她接着说，在生产力不发达的时期，邻里和熟人间必须互相帮助，甚至一起分享食物，这种模式形成了传统之后，也许仍存在于当代的中国社会里，而带着吃喝好物去拜访别人，也可能依然是一种普遍受赞赏的行为。我答道，没错，我觉得就是这么回事。就在那时，我脑海中突然出现了一幅画面。那是小时候我和母亲刚到北京与父亲团聚不久，父母省吃俭用购买了一台日本进口的三洋牌彩色电视机。由于彩电尚未普及，那时的邻里之间，即便家有电视，也通常是黑白机器。所以很自然地，晚饭后，邻居家的大人孩子都会挤在我家的电视前看节目。我脑中浮现的便是小时候彩电里放电视剧《一代女皇》和《西游记》时，家中唯一的一个房间里人挨人，挤得满满当当的场景。我讲出这一自由联想内容后，分析师突然问道："这些邻居看完剧才走，有可能离开得很晚，是不是耽误了你睡觉，就像昨晚那条论坛消息对你的影响一样？"

我听后恍然大悟：原来如此！我与 Dr. A 的这次面谈令我久久回味，它对我具有很重大的意义。这是我第一次体验到自己身为躺椅上的病人，自由联想可以发生得多么随机却同时也相当有机。我那天感叹"原来如此"时，也对分析师表达了这一感觉：自由联想简直太神奇了，仿佛就是"咔嚓"一下，一幅我平日根本不会回想起来的画面就蹦到了我脑海里。与此同时，分析师帮我在切近的生活时间与遥远的童年事件之间建立了联系。我发现自己还依稀能回想起五岁的自己在夜晚困倦不堪，却不得不忍耐一屋子人的声音和气味的感觉：烦躁、气愤、痛苦，但碍于父母对邻居的热情以及邻居的在场，我没办法表达哪怕一点点这种感觉。在早已离我远去的那些夜晚里，我最终是昏沉入睡了的，也许是怀着深深的无助感和无力感睡去的？这一点我无法确切地回答或去证明。然而与 Dr. A 的谈话向我昭示：作为成年人甚至中年人的我，很可能仍然是带着残存的幼时的无助和无力感在生活；不然的话，为何在临睡前收到陌生人对我提要求的讯息，我会立刻感到与五岁的自己不得不在电视声和人声中入睡时相似的气闷、烦躁和不平？也就是说，我知道自己已不是幼小的孩童，现在的我有能力拒绝任何我觉得不合理的要求，可是在感觉层面，每当面临相似场景，五岁时的弱小和孤立无援之感就会向我涌来。

《金刚经》警醒世人："一切有为法，如梦幻泡影。"假如说，我们所见所听所感的一切都是幻象，这个佛家说法很难令多数人接受的话，那么较为容易理解的是，那些存在于我们记忆中的画面和片段，并没有在现在时正发生着，所以它们无非是一些影像，甚至只是一些影像的印记。在一个精神分析师的临床工作中，患者的叙事时常仿如剧场里的一层层帷幕，当我们拨开它们之后所能见到的，有记忆，有画面，有想法，也有感受，所有这些内容都在来访者内心的小剧场上演，而且是反复上演着。不论是在 Dr. A 的躺椅上对其讲述，还是当我坐在我自己病人的头部后侧倾听他们时，我都曾有过这样的感慨：这真是一个影影幢幢的世界，它只能通过讲述者的语言和我们的现在相连通；然而人们的过去只在线性时间的意义上过去了，那个影影绰绰的世界既是幻象，也是真实的，因为它仍在影响我们现在的感受和想法。

困在那个幻影重重的世界里的，有一个孩子。五岁时已经在盼望长大的我，一定是觉得自己需要快快长大才能有"赶走"来家里看电视的邻人的力量。但遗憾的是，在我们的人生初期，力量往往需要到想象界中去占有。对稚弱的幼童来说，现实是残酷的：必须依附着父母，必须在某些时刻忍耐着生活本身，我们才能活下来。五岁时的我，或许在心里发出过没有人能听到的呼喊。那些曾坐在我五岁时家中唯一的房间里喧嚷着观看《西游记》的人们，我早已不知他们被生活的浪涛带到了何处，可他们在我的内心世界里投下了影像。这不是他们的错，也不是我的错。关于生活我觉得，没有那么多对错可言。我们能够做的是试图去理解：为什么会是这样？

十八岁的时候，奥地利诗人里尔克的诗让我发觉，我内心似有呼喊，渴望着被什么人听到。又过了许多年，在一次精神分析谈话中，我到底是经历了有倾听者从"天使的序列"中降临的时刻，这次，她甚至来自里尔克的那个日耳曼文化传统。我所经验到的倾听者其实不是 Dr. A 这个具体的人——或者说，远远大于她本人的存在——是她为我营造的，我们共同经营的，一个可以在其中自由探索和讨论的空间。在这样的空间里，那个仍被困在原地的孩子终于可以奋力拉开帷幕，穿过重重幻影向我走来，并最终经由我的口而发出她的声音。这个过程感人至深。

精神分析为何要谈论童年？我认为，如果我们尚未清晰、深刻地反省过自己的生活，我们今天的想法和感受在很多时候就都还是幼年经验的遗存。这个遗迹随着岁月的风化反而越来越坚固，在它之中，那个弱小的孩子仍在无声地呼喊，因为他/她发不出自己的声音，他/她也并不知道，困住自己的，实际上是已风干在时间里的一些影像，虚幻无比。也因此，我真的觉得，谈论童年是爱自己的表现：爱过去幼小的自己，也意识到并热爱自己身为成年人的强大和力量。尤其当人们在精神分析的设置中回忆和探索童年，这是在分析师的注视下进行的一种呼唤爱和接受爱的行为。

精神分析学会刚刚结束的小学期里，某位我很喜欢的老师给了我一个非常关键的启示：每当你倾听病人的故事，都要记得，那里有一个儿童的心灵在发挥着作用。老师指的主要是当患者的讲述显得特别奇思异想时，但这句话使我想到了更多。抑郁、焦虑、强迫、偏执、自恋、自虐……这些诊断标签并没有它们所标示的那么重要，重要的是：在重重帷幕后的幻象世界里，那个孩子在呼喊着什么？在那个孩子的身上和心内，究竟发生了什么？要听，要去听。好多年前，里尔克的诗句带着哀柔却锐利的质地，猝不及防地刺穿了我内心的耳膜，那是我渴望被听到与倾听他人的开始。为穿过翻译的阻隔才抵达我的诗句而眼泪汹涌的那些时刻，是生活给予我的丰厚馈赠。

2022 年 11 月 19 日

精神分析中的躺椅：是不平等的设置还是爱的体现？
——初论精神分析的框架之一

> "爱不仅是注视彼此，它是看往同一个方向。"
> ——安东尼·德·圣埃克苏佩里《风沙星辰》

精神分析为什么采用躺椅式疗法？临床上的原因有很多，但我觉得《小王子》作者的这句话可以作为一个注解。每当被我面前躺在长沙发上的患者唤起想要抱拥他们的愿望时，那种与他们同时注目于同一方画面的难言感受都一再促进我对我所从事职业的敬畏。在老派的精神分析师那里，只有一周见面四次及以上的分析性来访者，才会被邀请使用躺椅。可是由于在之前学校所受的指导有所不同——那时是推荐从第二次面谈开始就可以对适于躺下的患者发出邀请了——尽管我直到目前还没能获得每周面谈四次的控制个案，却也有好几位来访者是以平躺的姿势与我讲话的。

第一位分析师 Dr. K 曾告诉我，他摆在会谈室里的装饰物，如他自己的摄影作品、绿植、鲜花，甚至还有一个青铜的佛头雕像，是为了使自己"可以把视线放在上面"而不至于在工作过程的漫长枯坐中感到无聊。在与 Dr. K 咨询的那几年里，时常当我望向对面墙上的摄影作品——他在加州的红木森林中拍摄的一株高大树木时，我会想到，或许 Dr. K 也在看着同一个地方。这种联想说明，我在谈话中感觉到了被理解，因此我才会猜想分析师与我是在望向同一处。我现在的训练分析师 Dr. A 在咨询室的窗台上放置了几只形态各异但都又大又有光泽的海螺壳。她的办公地点在半地下，所以我是要在躺椅里躺下后往上面的窗户看，才能看到它们。某一天，当我又一次把目光定格在那些美丽的螺壳上时，我对分析师说："你知道吗，在中国，小孩子会被告知，你把耳朵贴近海螺壳的开口去听，能听到大海的声音。"Dr. A 告诉我，在她的欧洲老家，也流传着这种说法。"所以你把它们放在这儿，代表了一种愿意倾听的姿态。"我接着说。可是我感觉到了却没说出的还有，我的分析师似乎是把人们的潜意识看作汪洋大海，她不但需要听见海上的波涛滚滚，也想要听到海面下或许汹涌的暗流。

去年秋天上"精神分析概念入门"课时，老师专门拿出一整堂课的时间为我和同学们介绍祖师爷弗洛伊德的生平。讲到老弗爷在维也纳贝尔格巷19号的长期居所时，老师展示了历史照片：原来，弗洛伊德对艺术很有热情，他的办公桌上以及会谈室的展示柜里，摆满了他从世界各处搜集来的小型雕像，其中不乏来自中国的艺术作品。老师启发我们道："你们可以想象一下，当弗洛伊德工作时，这些小物件也在一旁听着病人的倾诉。这种气氛，会不会是他的目的所在呢？"

当时我对这一说法大为赞叹，在我想来，弗洛伊德大概是营造了一种带有"灵氛"[1]的氛围，而我当然也想拥有属于我自己工作状态中的灵氛，于是很快就把办公室重新"装扮"了一番。原本我只在窗口和柜子上摆了一些绿植，墙上也挂了两幅较为抽象的装饰画。听了老师的话后，我把从纪伊国屋买来的《千与千寻》手办之一，汤婆婆那个变成胖耗子样的孩子摆在了办公桌上，接着又陆续加入了"教父"形象的黑白两色小猫塑像，去墨西哥旅游带回来的红绿猫头鹰木雕，法国画家亨利·卢梭表现梦境的画作《沉睡的吉卜赛人》复制品，镶有古斯塔夫·克里姆特的象征主义名作《乡村花园的向日葵》照片的镜框，等等。这些摆设并不显得杂乱也不泄露我私人生活的信息，却蕴

---

[1] 灵氛（aura）：参见瓦尔特·本雅明在《可技术复制时代的艺术作品》一文当中的论述。他以此概念来说明艺术作品里不可在现代的技术性复制中被保留的那些内容。

含了我之所以为我，与其他心理咨询师不同的鲜明个人风格。

有时我会想，假如患者偶然瞥到卢梭的那幅画，画中暗蓝色的背景，陷入深睡的吉卜赛女郎，以及如幻场景中站在她身旁嗅闻的狮子，是否会推动患者对自身梦境的讲述？而汤婆婆那个长不大的胖儿子，当他以一只老鼠的形象和蹲在他头顶的乌鸦一起，日日倾听着来访者们的故事，他的心智会不会越来越成熟一点？还有克里姆特画中以极其艳丽之姿朝镜框外拥挤着的向日葵，不恰好就像求诊者们在与我的会谈过程里逐渐流动、生动起来的内心世界吗？每当我看向办公室窗台上盎然生长着的莲花掌、虎纹芦荟、变叶木和金脉美人蕉等植物，想到它们亦有自己的生命，我都知道，我的病人躺在长沙发里，或许也正将目光落在这些花草身上。根据佛家的说法，花花草草都是"非有情"[1]，可它们日渐长高以及不断朝着阳光伸展的身体，有没有可能也助长了患者们对于自己心灵成长的信心呢？

或许有读者会困惑：你这里所说的，不都只是你自己的想象吗，怎么能确定这些内容真的发生了？这是一个非

---

[1] 非有情：相对于"有情"（指有觉知、情感的六道众生，包括天、人、阿修罗、地狱、恶鬼、畜生这六道），植物虽有生命，却是没有觉知和感受的"非有情"。

常好的问题，因为我的确想说明，在精神分析的工作里，梦、想象、幻想甚至白日梦，占有相当的分量；而对躺椅的使用，正好能够促发这些白日间不被我们重视，难以捕捉的东西。日常生活里，它们也存在着，偶尔会从潜意识的海洋里稍稍冒头，但如果不马上把这些内容撷取出来，它们就像泡沫一样又迅速地消失在潜意识流的大海里了。躺椅提供的放松感，令来访者有可能抓住稍纵即逝的画面和想法，与睡眠时类似，躺姿也可以帮助大脑的"监察"机制松懈下来，促进幻想以及其他想象界内容的产生。学界一般认为，精神分析作为一门实践性的学科，是在1896年确立的：这一年，老弗爷发现了癔症的病源，并开始以"精神分析"来命名他所开创的工作方法。过去这将近130年来，精神分析的理论经历了种种分裂与嬗变，却始终在临床过程里保留了对躺椅的使用。这一定表示，躺椅的存在自有其道理。

目前的临床工作中，资深分析师大多使用特制的巴塞罗那躺椅。它是一张完全平坦的皮质单人床，在头部的位置有与床一体的圆柱形或方形枕头，每轮换一个病人，分析师便会在枕头上换一张新的垫纸。像我这样尚在受训，负担不起昂贵的巴塞罗那皮椅的候选人，大家一般会用长沙发来代替。其实弗洛伊德本人使用的就是一个沙发式躺椅。老弗爷从维也纳大学医学院毕业后，于1885年留学巴黎，随当时著名的神经科学家让-马丁·沙可[1]学习如何以催眠术治疗病人。回国开业以后，初时他的疗法也以催眠为主，却不料在1891年遭遇了一个病人的自杀身亡。据给我上课的老师所述，弗洛伊德此后从未提及此事或对此有过书写，却发展出了身心症状：每逢这位患者的忌日，他都会丧失写作能力。经此一事，弗洛伊德将家与诊室都搬到了贝尔格巷。他丢弃了与催眠相关的设备，并从一位富有的病人——玛丽·波拿巴[2]——处获赠一具红色的沙发长椅。这个物件至今仍然存世，并被保存于伦敦的弗洛伊德博物馆。老弗爷自己说过，在精神分析中使用躺椅，是催眠疗法的遗迹。

因此我认为，精神分析里的躺椅携带着十九世纪末维也纳的空气里依然洋溢着的古典主义精神。上个月趁着孩子们的冬假，全家去了维也纳旅游。在弗洛伊德旧居的诊室里，根据室内指示牌，我在这个空荡荡的房间[3]分别找到了原本的躺椅所在处和祖师爷自己椅子的位置，并先后拍照留念。当我站在老弗爷座椅的位置，让自己去感受有可

---

[1] 让-马丁·沙可（Jean-Martin Charcot，1825—1893），十九世纪法国神经学家，解剖病理学教授。
[2] 玛丽·波拿巴（Marie Bonaparte，1882—1962），法国精神分析家，弗洛伊德的病人和学生，她是拿破仑的后代，亦是希腊王妃。
[3] 因受纳粹迫害，弗洛伊德携家眷于1938年迁居伦敦。维也纳旧居的所有家具均在同年随全家的逃亡而运至伦敦，目前可以在当地的弗洛伊德博物馆看到。

能仍萦绕在这里的他的精神气质时，我突然发觉有一股平静、安稳的力量进入了我的内心，而且，时间变慢了。那种感觉就像，外部的一切声音和发生着的事都不重要了，时间慢，呼吸也变慢，而我暂时摒弃向身外观望的习惯，专注地看往心内。那是美好的慢，是一种感觉自己受到某种历史积淀的承托而有了底气的内心安宁。那一刻，我从祖师爷那里领受了珍贵的精神赠予：也许，"慢"即是精神分析的精髓之一。

在我的经验里，躺椅确实是使交流速度慢下来的一个很重要的因素，因为当分析师与平躺下来的病人看往同一个方向，便构成一种剔除了面对面压力的专门设置。在这个设置里，咨访双方都无须在意自己脸上的表情或身体的姿态，从而能将尽可能多的注意力放在口头表达上。早至1913年，弗洛伊德就在《论开始治疗》一文中指出，使用躺椅的临床优势之一在于，它可以避免分析师的面部表情干扰到病人的自由联想。与以坐姿工作相比，当面对长沙发上的患者时，我能明显感觉出对方和我本人都更加放松，而放松状态，则如前面所说的，是一个留给来访者的潜意识愿望和"本我"冲突的出口。躺椅上的"慢"也意味着交谈中的停顿和突然出现的沉默都显得更自然，不太会给病人带来心理压力。往往我需要对在低频面谈中向我抱怨"不适应谈话中的沉默"的访客给出一点指导，比如告诉他们：交谈中出现停顿甚至较长的沉默，是正常的，因为我们在谈话时总会思考我们所讲的内容；需要停下来想一想，是很自然的事。可是对躺椅上的患者，这种干预很少有发生的必要。

躺椅还能帮患者最大限度地开放自己的潜意识世界。当并不面对一个具体的他人，人们会倾向于"胡思乱想"，比如说当我们自己独自一人而又处于放松状态，并未做什么事情时。精神分析里，躺椅所营造的接近于独处场景的设置，非常有助于患者生发出奇特的想法和奇异的想象。这些内容可能对多数人来说都无关紧要，但对分析师们来说，却是有助于理解病人精神世界的宝矿。日积月累，通往潜意识之门会开放得越来越大，分析师和患者相携而入，在其中抑或沉潜，抑或云游。

我所提到的"潜意识之门"也包括分析师进入自己的幻想空间的过程。自从英国分析家威尔弗雷德·比昂[1]在二十世纪六十年代提出了"分析师的白日幻想"[2]一说，这个概念一直受到精神分析界的热情回应和讨论。临床工作中，谁都难免有走神的时候，但当分析师在专注、沉浸且

---

[1] 威尔弗雷德·比昂（Wilfred Bion，1897—1979），二十世纪英国著名精神分析家，曾在梅兰妮·克莱因处接受训练分析。他的理论对当代精神分析技术影响深远。

[2] 比昂使用的术语原文是 the analyst's reverie。Reverie 是指在放松而专注的状态下产生的白日梦等幻想、联想内容。

放松的状态里产生了联想、幻想或白日梦，这种"走神"一般来说都与他们面前患者的内心世界有关。某次在精神分析学会参加讨论小组，碰到一位年资较长的分析师，给参与者讲了一则趣闻。他说曾有这样的候选人，一直号称自己的受训目标是"发生一次白日幻梦"，并对大家宣布："不在工作时产生一个白日梦，我就不毕业！"这个人最后怎么样了，讲话的分析师没有告诉我们。但是不难看出，reverie 是当代精神分析工作的一个重要维度。它的含义其实是，在病人不断朝着潜意识领域进发的同时，分析师也向患者开放自己的潜意识世界，患者不再像十九世纪末的早期病人那样完全被动地接受分析师提供的阐释。这使得工作中的两个主体产生真实的交互性，咨访双方的关系与互动形成了美国当代著名精神分析家托马斯·奥格登所论述的"分析中的第三者"[1]，而这个"第三者"亦成为可被审视与考察的对象，它能够在很大程度上加深分析师对患者的理解。

有时候会遇到一面抱怨"你怎么不说话"，一面却在我给出诠释内容时连连否认的来访者。当使用躺椅的某位患者发生这种情况时，我眼前曾浮现出这样的画面：一个尚不太会说话的幼儿坐在喂饭椅上，旁边是母亲在试图把

---

[1] Ogden,T. H. (2004). The analytic third: implications for psychoanalytic theory and technique. *Psychoanalytic Quarterly*, 73 (1).

尽量多的食物塞进孩子的嘴里，可是小孩不想再吃了——也许他饱了，也许不喜欢饭菜的口感——于是这个还没有掌握语言功能的小人儿只好把头歪向一边，紧紧地抿起自己的小嘴。这是一个呈现了很多"关系张力"的画面，每当我在工作中发生了这般的白日梦，我便知道，我的访客就是那个幼小的孩子，而我则处于养育者的位置。来访者既需要获得注意力，又不希望我像我在脑海中看到的母亲身影那般，不顾他的接受程度而一心给他喂进过多的甚至是不好吃的食物。很显然，我说出的话语象征了这个浮现在我眼前的小孩子的食物，因此接下来，我便会在心里默默自省：我对病人说的话，是在他能接受的程度说出的吗？是否我"喂食"的内容或"喂食"行为本身给病人带来了压力和紧张？

躺椅这么有用，却未必适合每一位来访者或每一段精神分析性的咨访关系。对于有偏执妄想特质的患者或有被性侵史的人，我几乎不会推荐使用躺椅。对前者，无法面对面地看着咨询师，会激发病理性的无际念头，让病人的妄想症状雪上加霜。而对后者，躺姿中蕴含的脆弱性有可能唤起病人的创伤与无助，这对良好咨访关系的建立有害无益。也有的来访者是出于对一个良好客体的强烈渴望而不想躺下，这类患者对分析师有大量的理想化想象，一刻也不愿把眼睛从这位客体身上移开。当然每个人的情况都有其特异性，事情从不绝对，我也遇到过虽曾遭遇性创伤却喜欢躺下来谈话的咨客。不过在那些咨询小节里，我感受到，患者是因怀着对自己被性侵历史的羞耻感，从而更愿意在交谈时不让我看到他们的脸和表情。而当我发出使用躺椅的建议却被拒绝，常见的原因是，患者认为这种设置强化了来访者与咨询师之间不平等的关系。这时我不一味推销躺椅的好处，而会去试图发现和理解，病人是出于什么样的过去经验与具体原因，把躺椅体验为咨访关系不平等的象征。在咨访关系进展得顺利的时候，一些人会欣然接受有关躺椅的推荐，使我明白他们感知到了我的建议当中包含着的爱意和重视。

是的，我认为精神分析中的躺椅是一个满怀爱与诚意的设置。尽管老弗爷曾经自曝，采用躺椅的私人理由是，他无法在工作中承受每天被病人们持续注视八小时[1]，它却绝不是躺椅在精神分析的演变史中被保留至今的主要原因。圣埃克苏佩里在《风沙星辰》里说得没错，看往同一个方向，或许是一种比两人对视更深刻的爱的表达。病人在分析师的躺椅上，与坐在他们脑后的分析师一同看到的，不仅包括分析师有意放置的室内陈设，也是一个深远且含

---

[1] Freud, S. (1913). On beginning the treatment. *Standard Edition*, vol. 12.

藏了心灵自由可能性的未来。在我的想象中，当我平躺在Dr. A 的巴塞罗那长椅上，她便从身后看着我，好像一位母亲在深情地注视她的孩子。这个孩子能在追求心灵活力与自由的路上走多远？身为母亲的那个人也没有答案，但她的注视即是充满爱意的陪伴。

这究竟只是我的幻想还是在我与 Dr. A 对谈场景中发生过的一个现实？我回答不了这个问题，也不觉得答案有多重要，因为每个人能想象出来的东西，都无非是他心里发生着的现实。对我来说，重要并颇具意义感的是，我在 Dr. A 的躺椅上体会到了她对我的接纳，我能看见，她愿意在自己的内心为我留出空间，把我"怀上"并悉心"养育"。去年秋天的某一次面谈中，我突然感觉自己身卧其中的那具橄榄绿色皮躺椅实际上就像分析师身体的延伸部分，是一个子宫一般的存在。在和谐地一来一往的对话间，我体验到 Dr. A 与我心灵的同频。那一刻，我发觉自己就似一个胎儿，而它所感觉到的同频共振是母亲的心跳。分析师的柔和话音从头的后面不断传来，就像从胎儿幼弱身体的上方传来了母亲的温语。在那个时刻，没有语言能描述我内心受到的震动。也是由于这个既神秘又令人动容的经验，我觉得，爱，才是对精神分析设置中使用躺椅的最佳注脚。

正如小孩子总能通过父母的细微表达感觉到他们对自

己的态度，是对自己满怀美好期望还是看低自己。正如在Dr. A 的会谈室里，我一躺下来就从收入眼底的海螺上，看到了她发出的愿意听我倾诉的姿态。我也暗暗希望我的来访者们能于一瞥克里姆特的向日葵时，察觉出我对于他们终获心灵自由的衷心期待，以及我对他们向我敞开内心的感激，并希望他们会在办公室里郁郁葱葱植物的陪伴下意识到，我愿陪着他们走入其潜意识的密林。我们将在其中一起探险，并聆听一颗心的真实表达。

2023 年 3 月 11 日

我们来说说爱吧,这让人向往又害怕的东西
——浅论移情

> 精神分析的过程是爱的体现。
>
> ——迈克尔·帕森斯[1]

几年前的冬天,从某诊所离职前不久,我短暂地接待过一个年轻的患者。她因智力障碍而被家人抛弃,虽已成年,但思维和语言的逻辑性尚明显欠缺。可是她在第一次面谈时说的一句话,我却一直记得。在那个窗外已黯淡下来的冬日傍晚,这个初次来到我面前的陌生人面无表情地对我说:"我想死。"我的第一直觉是,她并不真的想死。但病人想通过这句话告诉我的是什么呢?接着,她以有限的语言能力,缓缓对我表达了她对于处在爱的荒漠之中的

---

[1] 迈克尔·帕森斯(Michael Parsons),英国当代精神分析家,英国精神分析学会的"杰出成员"。他继承了温尼科特的一部分思想,开拓了精神分析实践的"游戏"维度。本文引用的这句话来自帕森斯在 2022 年 10 月于波士顿精神分析学会的一次讲座。

绝望感，以及渴望被爱的心情。病人的词汇简单、贫瘠，象征了她荒凉而孤独的内心世界，令人心惊；她在生命中无法获得被爱之感的痛苦也使我倍感沉重。这次谈话久久萦绕在我心里，后来我发现，这位患者教给了我一个深刻的道理：对置身于无爱环境中的人来讲，生命毫无意义，活着其实已经死了。"死亡是什么感觉？"那时我在笔记簿里自问自答道："不被爱就是死的感觉。"

爱与精神分析有什么关系呢？我在上面引用的帕森斯的话或可说明，没有爱，精神分析便不可能发生。在我国目前的环境下，也许是由于从业者缺乏体系化、法制化的监管，每常听说咨询师和来访者互相爱上，甚而发生违背工作伦理的失格行为，导致大家对临床工作中的"爱"颇有误解，乃至于有点闻"爱"色变。但"爱"这件事，含义极其丰富，许多哲学家和理论家都长篇累牍地发表过他们对爱的理解。仅从与本文相关的角度阐述一下我对"爱"的看法的话，我想说，爱是一个人灌注在另一个人（或对象）身上的正面的注意力，爱的主体对爱的客体投以深情的注视。因此我认为，爱昭示了人与人之间的深层联系，并且与主体和客体具体是何身份无关。比如，人们对子女的爱与其对伴侣的爱在本质上没有区别，都是与身边其他人的亲密联系。差异之一或许在于，伴侣通常是人们的情欲对象，而对子女，多数时候爱的感觉中的情欲成分会被深深地压抑在人们的潜意识里，不被察觉[1]。所以说，爱就是爱，所谓的"手足之情""朋友之爱""师长之恩"等等，我很怀疑是不是我们的文明为了约束人们潜意识里的某些"可怕"欲念而发明出来的语汇。在现实的层面上，爱的实施自然是有差别的，例如父母的舐犊之爱里常包含着对子女人生道路的美好期望，而子女对父母的爱中一般都含有回报养育之恩的成分。然而这两者不都显示了人与人之间的深层联结吗？

精神分析里的爱，按帕森斯的说法，是分析师在来访者身上给予老弗爷所强调的"均匀悬浮的注意力"，不带判断和倾向地倾听并思考对方的语言表达，而且敢于被患者带领到他们心灵领域的任何地方。说实话在面对开头提到的病人时，我的感受是十分复杂的。一方面我对她生起了同情和悲悯之心，但另一方面，她情感世界里的荒凉与寒冷令我隐隐感到担心。我是否有能力进入这样的一个世界，并把患者从这个孤冷、封闭的世界里带出来呢？事实上在面对很多来访者时我都会产生如上的疑问，因为与现实生活的喧嚣、繁华相反，我发现在这个时代，人们的内心常常是趋于闭锁和悲凉的。

---

1 个人认为，当临床工作者利用不对等的关系动力与病人发生性关系，原因之一即可能在于，前者在类似于父母与子女关系的咨访关系中，将未经反省和约束的潜意识里的乱伦愿望付诸行动了。

面对人格构成里带着强大自恋特质的病人时，由于他们是倾向于拒绝跟客体建立任何关系的一群人，我时常觉得，自己像是在拼命地敲一面连回音都不会发出的坚固的石头墙。初至精神分析学会受训时，因为对临床预后欠考虑，我选择了一个具有自恋特征的来访者，想要发展出我的第一个高频控制个案。然而我天真的愿望没有变成现实，和督导一起努力了很久之后，病人仍然把我试图走近他心灵的任何尝试都毫不犹豫地拒绝掉。我不得不花了很多工夫去体会和应对我自己深深的失望。在督导的提醒下，我意识到：病人不会仅仅由于我对其有着美好的意图就改善起来；就像家长有时会对孩子的行为感到失望，患者引发的失望也是分析师在工作中需要承受的情绪之一。Dr. J继续启发我道："你的这位来访者需要以不与他人发生联结的极端方式来保护他自己。这说明，在他过去的生命中，病人与他早期重要客体的关系是极为创伤性的。看来你得做好心理准备，要花很大的精力和很长的时间在这个病人身上，他才有可能信任你。"过去的关系历史中充满创伤，是访客拒绝对分析师发生移情的主要原因之一。在这种情况下，尽管作为一个有血有肉的人，我首先体验出的是对患者的失望，但我不能止步于失望，我必须让自己体会到来自对方心灵深处的，不愿与我产生联结的原因。这个原因，人们一般都没法直接以语言告诉我，需要我自己在他们跟我形成的关系模式中去感受。

实际上，拒绝与分析师发生有意义的关系，这本身已是一种移情。在刚刚谈到的例子中，患者自动与我产生的"拒绝"的关系模式成了我和督导理解他的线索，帮助我们发现了他的心灵痛苦。在精神分析的过程中，分析师关注病人移情的意义就在这里。作为一个术语，"移情"的一般含义是，病人把对生命早期重要客体——大多数情况下都是自己的父母——的感觉投注在分析师身上，在由精神分析的种种设置所构成的框架里，被压抑在"本我"之中的早期生命感受会重新出现在会谈室里，出现在咨客与分析师的关系中，使这些感受能够一一被体验、确认、探索和分析。当正面移情以热烈的方式发生时，患者有可能感觉自己"爱上"了分析师。这类体验会让一部分经历过情感创伤或成长创伤的咨客感到害怕：通常，如果人们曾在幼小的时候体验过被抛弃的感觉，他们就会害怕对他人产生强烈的喜爱，归根结底是因为，他们担心会又一次体验到被抛弃的巨大痛苦。这似乎可以解释为什么在仍然缺乏心理卫生知识的中文语境里，当人们谈论移情时，常常怀着恐惧和拒斥的态度。

一些来访者恐惧于移情的发生，或许还在于，移情是真真实实的感情，与人们在分析师的会谈室外发生的任何情感都没有本质的不同。我相信那些自述"爱上"了咨询师的访客们，是真的经历了爱对方的感觉。从精神分析的角度看，"爱上"并非问题，关键是咨访双方能否在不采取任何行动的前提下，老老实实地待在原有的位置——尤其是分析师，绝对不能离开自己的临床工作者角色——一起去辨析在患者心里浮现出的爱的感觉到底是什么，一起去理解，为何是在咨访关系的此时此刻发生了这种爱，最终帮来访者把他们的移情感受慢慢修通。所有这些可以采取的步骤都指向对病人内心更深处的探索，毕竟，弗洛伊德很早就指出过，移情本身便是来访者阻抗分析师往更深入的地方去了解他们的一种方式[1]。

而且相比于日常生活中我们对他人的爱恨感觉，精神分析中的移情别具优点。虽然患者在移情中的感受全是真实的，但它们到底是在精神分析的工作框架里发生的，而精神分析临床设置中所隐含的"游戏性"[2]使得移情既是真的又不是真的。这里所说的"游戏"类似小孩子的"过家家"。抱着布娃娃玩"过家家"时，孩童在游戏里扮演一个母亲或父亲的角色，照料他们"自己的孩子"，或者他们会让自己的父母假扮成需要被喂饭的小朋友。这时要是有人过来说："嘿，这都是假的，你不是一个母亲/父亲，

---

[1] Freud, S. (1912). The dynamics of transference. *Standard Edition*, vol. 12.

[2] 有关精神分析的"游戏"维度，可参见 Parsons, M. (1999). The logic of play in psychoanalysis. *International Journal of Psychoanalysis*, 80 (5)。

你的布娃娃或父母也并非你自己的孩子。"幼童大约会因自己假想的游戏场景被破坏掉而大哭起来。事实上孩子们在"过家家"时知道自己是在玩游戏，但这并不会妨碍他们体会到照看"自己的孩子"的快乐。精神分析里的游戏感与此一脉相承：访客在理智层面知道分析师是与自己生活中其他人都不同的一个独立个体，但在情感层面上，却把分析师体验为过去某段重要关系里的一个十分熟悉的人；工作中，分析师既保持着自己的中立性与分析性的功能，又同时在病人的感受里成了与他们的早期重要客体相类似甚至完全相同的角色，如，一位温暖的母亲或一个严苛的父亲。这样的游戏感为咨访双方提供了一个非常有价值的观察和思考的空间，在来访者的移情逐渐展开的过程里，分析师与患者本人便可以一起利用这个空间，通过不断的探索和讨论来深化咨访双方对患者情感世界的理解。

不过大多数咨客都不会直接表达他们对分析师的感觉，有人是出于"礼貌"，有人则出于对自认为的"规则"的遵守，也有时是发自过去经历中或当下生活环境里的压抑性的力量。此外对中国人来说，我们的文化欣赏爱恨不形于色的能力，这也许影响了许多人在咨询场合中的自我表达。因此一个分析师在工作中，得能通过"均匀悬浮的注意力"去发现病人或含蓄或潜隐的移情表达。前面的文章里我提到过，病人讲述的事物，哪怕表面上看跟咨访关系毫不相关，也有可能是关于他们对分析师的感受。所以说，在分析师保持坐姿倾听患者讲述的那五十分钟里，他们的内部空间其实是相当活跃的，需要被调动起来的东西包括：对患者个人历史的掌握，对咨访双方在当下所呈现的关系动力的感觉，对患者所需外部信号水平的判断（如：访客现在需要分析师多说几句还是保持沉默），对自己身体和心理感觉的觉察，以及分析师本人的理解力和联想能力，等等。精神分析学会的一次讨论课上，某老师分享他自己多年的临床经验，说道："一位病人来见你，第一句话说'今天下雨了'，你们千万别只提取字面上的意思，以为病人在跟你寒暄着天气。"老师说，当患者感叹"今天下雨了"，事实上是在告诉分析师：我的内心世界在下雨。而一个患者为什么会在精神分析的某一个时刻提到当天的天气呢？我是这么想的：如果承认窗外的雨代表了心内的雨，那么"心里下雨"则将患者对自己与分析师关系的感受给具象化了。很可能，当一位咨客发出这样的议论时，他在那时那地所发生的移情中的主要感觉是疏离甚至不被理解。

对来访者的潜在移情表达的觉察，是我在工作中慢慢发展出来的能力，也是我用来理解他们的一个重要工具。还是在与白胡子督导工作的时候，我经常需要向他请教我对一个拒斥与我建立关系的个案的困惑。这位患者自述从未体会过人际关系和亲密关系带来的愉悦，并且明显拒绝让我在心灵领域靠近他。每当我邀请他分享对已发生过的面谈的感觉时，我得到的答案几乎都是：心理咨询没什么用。觉得咨询没用，来访者却一直按时在约定的时间里出现，从没提出过要结束我们的工作。这给了我线索：他在内心深处应该是希望咨询有用的，他想改善自己的关系模式。于是在督导的建议下，我鼓励来访者与我分享他做梦的内容。接着我就惊讶地发现，在这位咨客的几乎每一个梦里，都有一个或多个女人的形象。白胡子督导曾评论道："看，这个梦里，他犹豫着是否要去南方找一位女性。虽然他的生活中确实有这么一个人，但对这位与你远程咨询的访客来说，大概你也是这个与其有着地理距离的女人，他对自己跟你的关系满怀着矛盾心态。"假若把这样的梦看作是一个移情表达，就可以发现，在病人自己都没有觉察到的时候，他已经与我建立了联系。尽管这个联结在当时只能以梦的形式出现，尚无法被患者的意识所接纳，但它毕竟在那里了。以这种方式，我"听"到了这位来访者暂时无法以言语讲出的对一个客体的深切渴望。而患者从未说出的对与我产生深厚联结的愿望，亦是其对爱的渴求。

移情虽然是来访者在成长过程中的情感历史的再现，却也与分析师的人格特点以及分析师在特定阶段所处的状态有关。在一个完整的精神分析过程里，病人自婴儿时期起对自己、对重要客体的全部想法和感受都会呈现在他与分析师的关系当中，尤其是那些始终没能被患者的自我所接受、被深度压抑了的内容。自然，分析师的人格修通程度和其与病人关系里的外部因素（如换工作、家人去世、离婚等等患者和分析师均有可能在生活中各自遭遇的压力事件）都会影响咨客的移情——一些情绪会先呈现出来，而一些情绪则将等到临床工作的末期才浮现。而且恰如母亲以非语言方式给予孩子足够的正面关注，会作用于小孩自信心的萌芽与发展，分析师在咨访关系里没有说出、不适于自曝的某些内容，也会经由潜意识的沟通传递给患者。

过去几年我曾罹患恶疾，频密的医学治疗使我在某个时期内身心俱疲。这件事属于我的私生活，告知来访者的话，不会对他们有益，反倒可能撼动咨访关系的良好基础，所以我从未向任何患者透露过自己生病的事。在减低工作量的同时，我持续保持专注，尽量不让治病造成的疲劳心态妨碍到我与咨客们的每一次面谈。然而我想，既然患者们与我都是活生生的人，一定有一些东西透过我和某些病人的潜意识的互相裹挟，体现在了他们对我的移情感受中。那段时间里，曾有一位来访者貌似随机地提到她出生以前的事。她告诉我，母亲怀孕期间，正赶上外祖父重病，自己出生前没几天，他就去世了。这位患者说，她难以想象，自己的母亲是如何在悲喜交加之间经历了接踵发生的丧父和孩子出生这两件大事，并且她也不知道，母亲在孕期的复杂心情是否影响到了腹中的自己。倾听这个故事时，我的内心百感交集，因为我明白，虽然来访者是在谈论她跟她的母亲，但从一个象征层面上看，她讲的是她与我的关系，患者的话，是一段饱含着对我的关心和担忧的移情表达。在我们于其中互动的分析性的空间里，我承担了她赋予我的养育者角色，而她是我以这个空间所象征的子宫"怀着"的胎儿，来访者当然能察觉到我最细微的情绪变化和身体状态。通过她讲的这则片段，我意识到生病对我的影响已经波及了我所能给这位特定患者提供的分析性空间的质量。于是接下来，我及时在督导中探讨了这件事并想办法调整了自己的状态。

精神分析里的爱和日常生活中的爱一样，往往是双向流动的。我在上面分享的这一经历提示了我，尽管当病人叩开我办公室的门，常常是因为他们怀着想要被爱治愈的潜意识愿望，但他们通过移情对我所投注的真实的情感和爱意，是远远超过他们付给我的费用之价值的宝贵给予，我绝对不能辜负。那么精神分析为何把移情作为理解患者的关键工具呢？早在1914年，弗洛伊德便于《记忆、重复及修通》一文中给出了理论化的解答：那些引发症状的，被病人压抑和遗忘的内心冲突，并不会因他们开始接受治疗就浮现出意识的表面，而人们所强迫性重复着的与他人的关系模式，则是烙印在行为当中的有关内心冲突的记忆[1]。在精神分析作为一种临床实践的一百多年历史里，还没有任何一位来访者能彻彻底底、原原本本地说出自己从小到大都经历了什么，感觉到了什么，压抑了什么；病人无法说出的许多内容，却会体现在他们与分析师这个他者以重复性的模式建立（或逃避）关系时的行为当中。因此不妨说，精神分析是分析师陪伴躺椅上的患者，在真实的一对一关系里去一次次经历他们的强迫性重复冲动，一点点帮他们从中恢复并领悟的一个过程。这个过程需要大量的爱与耐心。在日常生活里我们似乎更容易理解这个观点：爱能治愈。我在精神分析学会的课程中学到，移情的治愈能力，是爱的治愈功能的一种延伸[2]。在这个意义上，当一位分析师打开门，把咨客迎进自己的会谈室，是因为他或她想要爱这个人，想要帮助他们每个人茁壮地生，丰盛地活。每个咨询时段开始的那一瞬间，分析师打开的不只是办公室里那扇具体的门，也是通往他们想要以其涵容

---

[1] Freud, S. (1914). Remembering, repeating and working-through. *Standard Edition*, vol. 12.

[2] Modell, A. (1996). *Other Times, Other Realities: Toward a Theory of Psychoanalytic Treatment*. Harvard University Press.

并滋养患者的感情生活的，他们自己心灵空间的门。

最后我想提出与本文开头我所自问自答的内容相对应的一个问题：活着，作为一个人真实地活着，是什么感觉？我觉得，真实活着的感受里势必包含着爱和被爱的感觉，爱使生命变得鲜活、生动。这就是为什么，在精神分析的临床工作中，分析师会体察并分析病人的移情，这也是为什么，移情在分析性的咨访关系里必然会发生。在精神分析的一对一亲密关系里，有个人清醒地想要以爱治愈，也有另一人隐隐约约地期望着被爱治愈。精神分析中的爱，以及曾在生命里震颤过我们的各种各样的爱与注视，都是通往真正的人世间生活，通往真实的生而为人感觉的路径。一个完满的精神分析过程本身，将会是一场震撼人心的情感教育。

2023 年 3 月 18 日

精神分析中的自由联想：没话可谈？不，你还有很多东西从未告诉我

——初论精神分析的框架之二

往昔从没消亡，它甚至尚未过去。

——威廉·福克纳[1]

刚刚写完这周的个人分析笔记，我发现与 Dr. A 的训练分析很快就要超过 200 次面谈了。我们是从去年一月底开始在一起工作的，除了最初三个月以一周两次的频率进行谈话，之后都是每星期四次的高频会谈。这期间分析师有过休假、出差，我也曾两三次因病请假，除此以外，每周一到周四的面谈都雷打不动地进行。有朋友曾问过我："你都跟她讲了那么多话了，还能每次见面都有话说吗？"其实我自己偶尔也对此感到困惑：我怎么会每天仍滔滔不绝地自我表达？上个月去精神分析学会某年资很高的分析

---

[1] 引自威廉·福克纳（William Faulkner）《修女安魂曲》（Requiem for a Nun）。原文为：The past is never dead. It's not even past. 引文是我的中译。

师家里参加一年一度的早午餐聚会，遇到好几位已上完所有讨论课却因个案没做完而还没毕业的"高级候选人"。其中一人告诉我他已做了七年的训练分析，但还没觉得到可以停止的时候。当时的我惊讶道："你仍然每天都能有话说？！"我的惊讶只是一瞬间的反应，因为自己的体验已经让我知道，当然有话可说了，甚至在不能与分析师对话的那周末三天里，我有时会堆积起许多想法和感受，并担心下个礼拜一的面谈无法容纳所有这些内容。

去年的一次讨论课上，某老师提醒我和同学们，不要在意自己与训练分析师谈过多少回了，她说："你们根本无需担心满足不了毕业要求，到毕业的时候，你们的面谈次数肯定远远超过我们的章程所规定的数目。"的确如此，精神分析学会的候选人培养计划上写着，只需350次会谈即可算作完成训练分析。可我在学会受训还不到一年，已将要跨过200次的大关了。听了老师的话，我半开玩笑地说："是啊，且谈不完呢。我还不知道啥时候能冲破压抑机制，把我经历过、想到和感受到的一切都说出来。至少目前，我仍很清醒地在回避着某些内容的表达。"从老师和同学们回应给我的笑容上，我明白，这亦是他们曾历经或正在经历着的。

这是我真实的体会：尽管已与 Dr. A 持续谈话了接近200个50分钟（大约160小时），一些与自尊、羞耻、愤怒有关的记忆，我仍在有意压制着，而另一些在意识层面浮现了若隐若现的冰山一角的婴幼期愿望和幻想，我对它们则还没有特别成形的线索。要如何抓取那仿如岁月遗照的记忆碎片，并以其拼凑出有关自我的真相？要如何与幼年的自己相连通，帮助那个仍在我们内心的幽暗处无声呼喊的孩子渐渐长大？要怎样才能穿越几十年人生中最初保护我们但现在已妨碍我们追求幸福生活的自造围城，实现自由表达和自如、自洽的生活状态？精神分析对这些问题的答案，都是临床过程里的自由联想。

在精神分析工作的双方每天共处的五十分钟里，分析师的一个基本工作内容是倾听病人语流之下的情绪、核心主题及思维过程，围绕着对方的阻抗和潜意识的动机及冲突形成理解和诠释，并在恰当的时间点把阐释内容提供给来访者。与此相对应，咨客也有任务要完成，在分析性的心理咨询中，它便是自由联想。作为谈话治疗的开创者，弗洛伊德指出，在咨访双方开始合作之初，分析师即应给出清晰的关于自由联想的指令。老弗爷建议后辈们告诉患者：我们的谈话与日常对话不同，平时你与人聊天，可能会避免提及某些不请自来的、你自觉不重要的念头；但在这里，你需要把出现在脑海里的一切都讲出来，哪怕你觉得一些内容不相关、不重要甚至无意义，而且，恰是因为你对于把它们说出来感到反感，所以你必须把这些东西讲给我听[1]。联想到什么就都说出来，哪怕讲出的内容会令讲话者不适、羞怯或担心冒犯到一旁的听者——精神分析干吗要叫病人这么做呢？从一个浅显的角度看，如果患者的谈话思路（亦即联想）和言语表达不够自由，被过滤掉了特定的内容，那么这种对话和我们平日的社交谈话就并无不同，它受到了社交礼仪、社会公约、个人道德准则等许多因素的制约。在这样的对话过程里，我们很难期待会有多少"本我"领域的潜意识内容浮现出来。

有位来访者因面临巨大压力而被唤起了根源于幼年经验的弱小无力感。在探讨人生能动性的话题时，他的叙述忽然转折，讲起小时候拍过的一张全家福。患者说："很神奇，这张照片的样子突然跳出来了。"我了解到，拍摄那张照片后不久，他的母亲生育了一个弟弟，而那时我的来访者正因病接受治疗。他说，对生病、治病的前前后后，他已了无记忆，也不清楚当时是否感觉无助。但这次面谈发生时，他因想起这张只有父母和他三人的全家福照片而感到悲伤，他猜测，或许他小时候面临弟弟的到来，曾有过这样的感受：我有问题，所以要被淘汰掉，妈妈即将生出一个我的替代品了。病人的感觉很准确，自由联想就是这么神奇：它令人们想起看似无关但实则很重要的东

---

[1] Freud, S. (1913). On beginning the treatment. *Standard Edition*, vol. 12.

西。它会在我们毫无准备的时候往意识的水面扔下一颗小石子,在水面荡开涟漪的一瞬间,使我们窥到水下的暗流。更准确的大约是访客猜测到的内容,因为我们是没法百分之百地窥知潜意识的,只能依据线索来推测。会谈进行时他因忆起全家福照片而涌上的伤感,让他联通了早已被遗忘的,自己幼小时对失去独子地位的痛苦感受。不再是独生子并不仅仅代表着不再是家中唯一的孩子而已,病人眼前浮现了全家福,心里却涌起了伤心,而那张全家福里,母亲还未怀孕。最后这一点提醒我,在来访者的儿童时代,另一个孩子的到来,强行打破了他尚在处理的与父母的"俄狄浦斯三角"关系。弟弟出生后,在四个人的全新关系矩阵里,患者感到失去了自己的父母——对男孩来讲,尤其会感到失去母亲——不知该将自己摆在何处,而且他显然也没能从父母那里获得这方面的心理辅导。另外,生病造成的身心虚弱,或许强化了访客在弟弟到来前便已产生的被抛弃的感觉。

上述自由联想内容,使来访者和我都更加理解他身上现存无力感的来源和深度,而忆起童年的小小片段,可能也在某种程度上推进了过去经验的整合。我特别认同美国分析家托马斯·奥格登所说的,精神分析的任务是帮病人与他们自己的人生经验建立通路,以至于活得更生动、更充分，更完整地生而为人[1]。人们来到我的会谈室，常常是想解决各种各样的具体问题：社交障碍、情绪问题、事业危机、亲密关系无能……可实际上所有这些诉求里都回响着同一个声音：我想作为我自己，更幸福地活着。这样的治疗目标里自然包含着对过去经验的意识、认知与整合，想要做到这些，也得通过自由联想的途径。奥格登把患者与分析师的会谈比拟为"做梦"（他同时也认为，做梦是我们人类心灵的最基本功能），谈话内容则是由二者潜意识的交互作用所编织出的梦境。他的观点是，来访者在面谈过程里无法进行自由联想，无异于不能"梦到"他们自己的情感经验[2]。在我的理解中，"梦到"的含义即是在放松的状态下，感受到某些内在声音或已被压抑的心灵内容的一鳞半爪。若一个事物没法首先被"梦到"，那它当然也难以被思考与整合。

沿着同样的思路，奥格登后来又提出，精神分析是分析师帮助访客"找回未被活过的人生"的过程[3]。他所使用的英文词是 reclaim，它的内涵其实大于"找回"，因为它包含了重新主张对事物的所有权的意思。也就是说，在精

---

1 Ogden, T. (2008). *Rediscovering Psychoanalysis: Thinking and Dreaming, Learning and Forgetting*. Routledge.

2 同上注。

3 Ogden, T. (2016). *Reclaiming Unlived Life: Experiences in Psychoanalysis*. Routledge.

神分析里以自由联想为工具，病人寻回他们过去感情生活的混乱遗迹，并在分析师的参与下对其进行再一次的体验和重新分析、理解。这个整合的过程，相当于把那些未曾被好好活过——一般是由于情感通路的阻塞——的人生片段甚至人生阶段，以开放的态度清醒地、完整地重新活一遍，使它们真真实实地成为自身生活经验的一部分。从此它们不会再像以前那样，只能从心灵的暗处冒头，让我们感觉或恐惧或惊恸或悲伤难抑却说不出所以然。

我们国内的来访者群体里，据我所知，似乎一些人对自由联想有误解：通过指示病人进行自由联想，岂不是把搜寻谈话主题的重任都放在了付费的咨客身上？这难道不是分析师把自己的工作变得轻松的一个方法么？我在美国的临床工作中，也常有一些来自东亚社会，习惯了"听话"和做"好学生"的患者，会问我这样的问题："我每次跟你谈话前应该怎么准备"，"今天你想听我说点什么"，或者"关于我，你还有哪些想知道的"。而当我回答"你并不需要做什么特别准备"，"把你脑中所想以及眼前呈现的画面讲出来就好了"，"你想说什么都欢迎表达"，或把老弗爷的话加上我自己的比喻和扩充后传达给对方，却并不总能起到理想的效果，有时候甚至会使对方怀疑我的工作能力，导致咨访关系还没正式开始就破裂了。处理这种颇具文化色彩的强烈阻抗，我还没找到完美的解决办法，现在仍基本上处于撞大运的阶段：咨访关系能否良性发展，分析性的工作能否展开，在很大程度上取决于来访者进行心理咨询（亦即改变自己）的动力有多强大，还有他们过去情感创伤的发生方式和破坏性的大小。其实，帮患者培养起自由联想的能力，且在对方的口头表达受阻时施以有效的干预，绝非易事。更重要的是，自由联想通往的是那些一直被深深埋藏起来的，我们于人生早期遭遇到的痛苦情感体验。在幼小的年龄上，我们没有能力去理解和消化这些情绪的山洪，于是它们被忘掉了，在我们看不到的地方，在岁月的发酵中，变成难以拼凑出完整形状的碎片；它们不时浮出意识的地平线，或许我们想抓取，却因其不规则的尖锐形状而伤到我们自己。可是通过自由联想，它们将在精神分析的过程里被松开桎梏，拼成有意义的图形，曾经冰封的冻土也会一点点融化成温暖、湿润的土壤，并开出自由表达和自在感受的花朵。

每个分析师在接受训练时大概都曾被告知，作为精神分析最重要的设置之一，自由联想在会谈中具有优先性，不能随便打断病人的自由联想。这条原则是我工作中的金科玉律，对我来说原本不难遵守，因为尽管我习惯于以书写的方式表达自己，在生活中我却是个不擅多言，更喜欢观察和思考他人的内向之人。不过今年我碰到了一个挺有意思的小插曲。某患者在初次面谈时就提到英国作家狄更斯的伟大作品《荒凉山庄》，自比为其中身为私生女的主人公。虽然病人出生于他父母的婚姻之中，并非私生子，但我听懂了，他进行这种自比是由于他对父母的复杂情感体验。我小时候只读过狄更斯两部小说的中译本，当时我已听闻《荒凉山庄》，它的标题吸引了我，可它的长度令我望而却步。或许十几岁的我曾发愿：将来一定要去读《荒凉山庄》。于是既为了完成自己的愿望，也为了通过狄更斯虚构的故事去理解这位访客的内心世界，我便也开始捧读这部长达九百多页的小说。没想到的是，患者在接下来的每周面谈里，常会反复提及这本书，并且他的描述不再只是有关他自己的读书体验，而是也涉及了许多关键情节和人物命运。可我的阅读速度却没有那么快，这本书至今还没读完。故而我曾在与这位访客的面谈中经历了这样的时刻——我在心里悄悄说：别讲了别讲了，赶紧停下来吧，别再剧透了啊！那真是十分艰难的时刻，我不可能闭起耳朵不去听这些严重的剧透，因为倾听患者的言语表达是我的基本职能，而且任何自由联想都可能蕴含极为丰富的信息。但我体内还有一个身为文学爱好者的自己，在体会着被提前告知情节发展方向的痛苦。然而只经历了短短的心神一恍，从训练分析师和督导们身上学到的专业精神就帮我战胜了心中那个抗议的声音。我很自豪，自己并没有找借口去打断这个来访者基于《荒凉山庄》的情节所生发的自由联想，在那时那地，我没有轻易离开身为临床工作者的位置。

出于每个人不同的个体化原因，很多时候，来访者都会在面谈过程中突然停住，或者是在咨询小时开始之初就给我"打预防针"："我不知道能说点儿什么"，"我今天没什么可说的"，等等。实际上当咨客最初便对我发出如上"警示"和当他们聊着聊着却忽然不说话了，体现出的是不同的阻抗，但从一个粗略的角度看，这两种情况都可以视作自由联想受阻。自我表达为什么会受阻呢？一般来说，这里一定有一个阻碍记忆和形象浮现，阻止感受形成话语，抑或阻挠话语被说出的力量。而我在讲精神分析为何要谈论童年的文章里写到过，阻抗所在之处，必然是由于那里曾有或尚存着心灵的苦痛。我自己清醒地压抑着的表达，以及我内心世界里仍不知存在于多深的潜意识海域，却不住地使海面鼓起波浪的内容，都明确地提醒着我，病人们在这种"没话可说"并陷入沉默的时刻可能有怎样的感受：他们或是想到了什么，但不觉得有必要、有价值把它讲给我听，或是对我产生了某种感觉但不愿表达，或因深层的阻抗而脑中一片空白，说不出话来——但我们都了解，脑海的空白并不意味着感受的缺失。

几年的精神分析学习和实践使我掌握了一些方法来应对这样的时刻。比如，为了了解患者的具体感受，我会问："不知道能谈什么"对你来说是一种怎样的感觉？为促进他们对自身心灵世界的好奇，我大概会说：在你刚才沉默的半分钟里，发生了什么？对于我已有一定程度了解的来访者，我有时提醒：有没有你觉得应该让我知道，但截至目前却还没告诉我的事情？面对似乎陷入思绪并因而沉默的咨客，我需要在谈话中断后的适当时机温和地指出：我注意到，你没在说话了。种种"干预"，无非是要帮对方把自我表达和自由联想进行下去，并提醒他们我的在场，因此还有一句没说出的潜台词是："嗨，我还在这里呢。你不是在一个人自言自语，此时此地你有一个对话者。"我指出这一点是想说明，精神分析里的自由联想与我们平日其他场合下发生的联想思维十分不同：它拥有一个在场的客体，它是在客体的注视及参与下发生的。正是由于这个"关系"特质，临床过程中的自由联想可能疗愈心灵，而生活中，人们不得不令其流向内心的一些词句和联想画面则会强化茕茕孑立的孤独感。在我自己的训练分析里，当我不想说话或没话可说的时刻，大多数时候，Dr. A 在等待一会儿后只需以略微升高的音调说一声："嗯？"我便像听到母亲问询声的孩子一样，能够继续我的表达，接着把那时那刻我的所想所感形成发声的词语。不过，这一场景在我们的中文语境里难以复制，所以面对讲中文而又已与我咨询了一段时间的同胞来访者，我一般会提示"你没在讲话了"，或轻声问：为什么不说话了呢？

有些咨客在展开会话方面没什么问题，却偶尔在自由联想中卡壳，此时，"有没有你觉得应说给我听，但却至今仍没讲过的事"这句话，几乎是无往不利的干预方式，也是我从白胡子督导那里获得的，可以用来促进咨访关系深化并且加深来访者自我认识的一件"神器"。往往在我真诚、好奇地这样发问之后，对方就能提出一个此前从未触及过的话题，使得我们的对话空间不断扩大——这些话题通常处于病人的某个禁忌区域。我的长程咨询来访者们，大多曾被我不止一次地问过这个问题，我欣喜地看到，他们的自由联想能力都有了不同程度的增长，我与他们的会谈开始有了顺滑的节奏感。

但是，流利的交谈未必意味着思维和表达均是自由的。分析师面对自由联想的态度是不去打断，可的确有时候，当发现病人流畅的叙事并非自由联想的体现，反而是对某些议题的回避或绕圈，就需要干预了。曾有"情感隔离"机制强大的患者，在面临业绩考核与职位升迁的事业关口时，把所有情绪都封闭了起来，每次面谈都一遍遍对我述说工作单位里发生的大事小情以及她自己的焦虑，甚至好友的去世，亦没使其表露出明显的感伤。可是我早已通过学习精神分析明白，焦虑本身不是一种情绪，而是对某些情绪的防御。那么她防御的到底是什么？与这位来访者共度的这段时间里，我发现，她源源不断的语词洪流使我产生了无聊和极其孤独的感觉。无聊说明患者的叙事是脱离了感情色彩的，至于我心内生起的孤独感，则使我真切地懂得，我面对着的，是一个孤单地生活在情感荒漠中的人。这样极致的孤独感，是没有人能够一直承受的。于是我终止了病人的叙述，转而邀请她思考：在为工作事务而焦虑的这段时间里，你的感受层面发生了什么？为何在面对外部压力的时候，会选择把情绪空间压缩为零？

不论访客在会谈过程中谈了哪些内容，也不论他们的联想是否自由，他们的表达是否有所保留，不论人们是为了改进亲密关系，还是为了实现"不需要任何人，我自己也能生活得很好"的目的而走进一个分析师的办公室，精神分析的终极目标都是让我们的情感世界得到滋养，使我们与自己、与他人、与生活以及与我们生活于其中的这个世界的关系变得丰沛、变得更有意义，从而激发出我们生而为人的广大潜力和创造力。也因此，人们常常发现，精神分析师极少会对患者面临的具体困境给出建议或解决办法。分析师会邀请躺椅上的那个人通过自由联想来深入他们自己的感情生活和情感世界，因为问题的解决之道，就暂时被掩埋在那个人情感空间里仍以碎片形式存在着的过去岁月的遗照之中。

2023 年 5 月 20 日及 27 日

请把梦讲给我听，请允许我读你的心
—— 释梦初探

I don't wanna be alone and…/ Oh, you don't know *how I feel inside.*

——高尔宣《Without You》歌词

我摸到肚脐上有个硬硬的尖头，心想：这会是什么东西呢？忍着疼，我用手把它一点点往外拉，过程中还流了一些血。最后，我拽出一条柔软的、连着其他更小枝丫的小树枝，长度约有三十厘米，它上面的树叶鲜嫩、碧绿。父母难过地问：这东西是什么时候进到你身体里的？在你肚子里有多久了？我告诉他们我不知道。父母又感叹道：你这孩子怎么从没叫过疼呢？我说：因为我什么感觉也没有呀。（现实生活中曾是医生的）父亲接着说：你这样的情况，脾脏肯定出过血。

上面是我这周做的一个梦。睡醒后忆起这个梦，立即在我脑中触发了两个思绪。其一，十几岁的时候有一次体检做 B 超，医生向我和陪同我的父亲提起，看样子，我的脾脏曾经出过血。他问我们是否记得曾有这样的事，我跟我爸都很吃惊，因为我们完全不知道这是什么时候发生的。其二，我想起了波德莱尔的散文诗集《巴黎的忧郁》。其实我从没读过这本书，只是听说过而已。但我知道它的法文标题是 Le Spleen de Paris，而 spleen 一词不论在英文里还是在法语中，除了表示"脾"这一脏器之外，都还有忧郁、愁闷的意思。这有点类似我们中文里的"脾"不仅是一个内脏，还是"脾气"的"脾"。也就是说，西方人和我们一样，都认为脾脏掌管思虑和情绪，认为当一个人忧思过度，必然会伤脾。

当天与 Dr. A 谈话时，我报告了这个梦以及上述想法。然后通过自由联想，我对自己的梦进行了分析。梦中对"脾出过血"的提及或许显示了我成长创伤的惨烈程度：脾这个司掌忧郁的器官甚至已经出血了。而"什么感觉也没有"，则像是我避免自己感受到尖锐疼痛的一种防御方式。可我为何会梦到将树枝从肚脐眼里拽出来这样离奇的情节呢？我猜测，树枝应该是我自己放到身体里面去的。之前的文章提到过，我是个死亡驱力和生存本能都十分强悍的人。所以有可能，我想要通过梦所展现的体内有树枝的方式，让自己缓慢地死去。梦里的树枝也未必就只是一根枝条，在这里，它或许是对匕首、枪、棍棒等凶器形状的模拟。然而在梦中，我又亲手把树枝拽了出来，还发现它是一根新鲜的嫩枝。我到底是把什么东西放进了自己身体里呢？梦没有表现这一点，但不管我放进去的是什么，最终取出来时，它都已经变成了一个象征着勃发生命力的事物。分析师评论道："树枝的形状也提示我们，它可能代表了阴茎。所以这个梦也许表明，你是'有阳具的女性'[1]，是你在提醒自己，你的内部具有强大的力量。"

树枝的形态以及"肚脐"这个特定的身体部位还令我想到了脐带。有没有可能，在某种象征意义上，我一直在体内保存了一段脐带？我觉得答案是肯定的。脐带是我们与母体（也即他人）以及与世界最初的联结，我的心理咨询师职业以及我持续多年的写作都体现了我对于和他人、和世界相联结的渴望。因此，在跟分析师的对话中讲起这个梦也并非偶然，它有了移情表达的含义。我仿佛能看到，在这个梦没有表现出来的地方，一个年幼的孩子（也即在精神分析过程中已经退行的我）扯出她保留在体内的残余脐带，想要与一个母体（亦即分析师所象征的良好客体）相连通，想把她受伤脾脏里所流出过的血与忧郁，都

---

[1] 此处的术语原文是 phallic woman，在精神分析语境里一般指那些带有传统眼光里男性特质的女性，就好像她们身上有阳具一样。

变成生命的动力和焕发的生命本身。这样的画面里似乎还回响着一个声音："我要让你明白，我的内心究竟曾感受过什么！"

一个情节并不复杂的梦，却包含了我对真实人际联结的渴求，对我自己的美好期望，对自己的生动力和死本能的确认，以及我期待从精神分析中获得的心灵修复与人格成长等等内容。通过与 Dr. A 讨论这个梦，我相信她能体会到，树枝被我从肚脐里拽出来时，我所经历的疼痛失血的时刻以及满怀希望的心情。本文开头所引用的，是特别打动我的一句歌词。上下班时，我常会在车里听歌。每当车载音响跳到说唱歌手高尔宣的这首《Without You》，我都会想及我所从事的工作和那些来到我面前寻求心理援助的人们。无论他们对我诉说什么，我总能在患者们倾诉的姿态里捕捉到一个低缓且无言的声音："我想要你懂得，我内心的感受。"这个声音是有变体的，有时它更孤独、忧伤一些："你根本不会知道我的内心曾发生过什么。"有时它是一个尽管安静却带着愤怒的声音："你为什么还不明白我内在的感觉？！"

在 1900 年初版的《梦的解析》一书中，弗洛伊德便已指出：释梦是通往患者潜意识的捷径。弗洛伊德释梦理论的基础是他所发现的"梦的工作"的四大基本特征：象征化/表现化、转移作用、压缩化，以及二级加工。本文的目的并不包括对理论的细节进行阐述，所以不会为这些名词一一作出解释，有兴趣的读者可自行查阅资料。但需要提及的是，老弗爷对释梦工作的一大贡献在于他发现了梦的"满愿"功能。比如上面所述我这周的梦里，原本不知何时进入体内的"凶器"已经变成鲜绿的嫩枝并被取了出来，在梦中，我的精神分析目标已然完成。

日常工作中，精神分析师的确是通过探究访客的夜梦、白日幻想、口误以及针对这些事物的自由联想内容来发掘对方的潜意识的。一百多年来，精神分析对患者的梦的兴趣没有丝毫减少，如何对梦进行诠释是所有分析师培训项目的必修课，也是从业者对个案获得监督和指导时，会花许多时间钻研和训练的一个题目。我的督导 Dr. J 曾向我强调，必须重视病人讲述的每一个梦，因为梦里可能隐藏着他们目前尚没法以语言向分析师表达的内容。大概这就是为什么，虽然我的分析师 Dr. A 向来不对我们的面谈做笔录（据她说，她的习惯是在每次面谈后的时间里再简洁地写下要点），但每当我说"我昨晚有个梦"或"最近做了个梦，觉得有必要讲一讲"这样的话时，总能听到我身后有她窸窸窣窣拿取纸笔的声音。我从自己这周的树枝梦里分析出了一个举着脐带（谐音"期待"）想要与母亲相联结的孩子的形象，关于这个发现，我并没与 Dr. A 进行沟通——它是我在讲述此梦的那时那刻里所无法表达的内容。它没法表达的原因很简单：当时，这些内容还没出现在我的意识层面。不过我觉得，几天前在倾听我的讲述时，对解析梦境具有浓厚兴趣的 Dr. A，或许已从我生发的有关脐带的自由联想里窥知了我的潜台词——这里我们不妨把"潜台词"从字面意义上理解为，一个人的潜意识想说的话。

作为精神分析学会的候选人，我也认真对待患者讲给我听的每一个梦，并努力去听到这些梦的潜台词。有位长程咨询的来访者 X，曾在某次面谈里一连给我讲了好几个梦，但她只对最后一个梦进行了联想。访客在接下来的时间里并没出现口头表达方面的困难，而且基于我对她的了解，我已经知道在我们的对话中，还有许多内容是她或潜隐或明显地没对我提起过的，个中缘由不尽相同。所以我没有打断 X 的叙事，就让那一次面谈在它自然的流程中结束了。其他那几个梦，X 后来也没再提起过，但对于其中一个梦的内容，我想了很多很多。这个梦是这样的：

> 我和我妈在家里。有一盆活的龙虾，为了让它们不要乱爬，我就拿了一盆开水浇上去。浇完后它们腹部那面朝上了，可是它们却变得越来越大了，很可怕。它们最终都变红了，但还能乱跑。于是我钳掉了

N只龙虾的头，后来其他龙虾就跑得不见了。我妈当时在场，但她全程什么也没做。

X是因广义的亲密关系问题而来找我做咨询的。她不仅在成长过程里承受过许多来自父母和家庭的关系创伤，也因此在成年后与异性的关系里碰到过一些险境，并曾与N位已婚男士发生过情感纠葛。在思考这个梦时，"N只"龙虾一下子使我明白，它们大约就是N个已婚男人的象征，而其他龙虾不妨解作在患者生活中招惹、冒犯她的别的异性。梦中，X浇热水和钳掉那N只龙虾头的行为，都有可能是对这些男人的"复仇"——这是她在现实生活里无法实施的一件事。那，来访者的母亲为何会出现在这个梦里呢？重读这一天的咨询笔录时我发现，这次面谈的后半段，X说到了长大过程中，母亲对她的指责。这提示我沿着访客可能的潜意识思路去思考：梦中"什么都没做"的母亲和现实中语带指责的母亲在同一个会谈小时中出现，这一定不是偶然。我想到，梦里的母亲和生活中X母亲的共同点是：没有尽到保护女儿的责任。那么X为何偏偏在那一天对我讲了这样的一个梦呢？很可能，她梦里的母亲也是我的化身，正如在她和我的咨访关系中，我承担了"养育者"的责任。如果我们把这些线索都放在一起看，就会发现它们拼成了这样的信息：在X对我的移情感受中，包含了被我忽视甚至被我指责的感觉。患者的移情当中有这样的负面成分，然而她没法把它以语言告诉我，它甚至可能还没被她清楚地觉察到。可这就是我们的潜意识的聪明之处：通过梦，潜意识与我们沟通许多信息。这些信息有可能在精神分析的临床过程里被捕捉到并加以利用。

在我认为自己大致理解了 X 的这个梦之后，事情还没完。因为除了继续对来访者投注于我的移情感受，对她可能一直深深压抑的报复心理保持好奇心和探究的姿态，我作为一个普通人，也会因感知到 X 对我的负面体验而产生"被指责"的沉重感觉。身为临床工作者，我提醒自己绝对不能停留在这种感觉的表面，因为它大概正是 X 在与其母的关系中所感受到的。我在这里所描述的在自己脑海里理解患者的梦的这一过程，也是我试图体会到对方内心感受的一个过程。在因 X 的负面移情而感觉沉重的那一刻，或许我可以想象自己对来访者说：我了解了这个困扰你已久的情绪，我终于懂了 how you feel inside！

另一位咨客 Y 也曾在面临咨询结束时做了一个意味深长的梦。那天她在我的办公室一落座就说：

> 我梦见你了。我们坐在一个房间里，但它不是你

的办公室。后来你收到消息，说有人要采访你。你问我：可以吗？我说可以。门本来就开着，接着，采访者进来了，我就坐在一旁听你接受采访。

来访者是个既向往亲密关系又特别害怕与他人走近的人，以至于在我们面临分离的时候，她还总在我的询问下表示，她对离开任何地方都没有过特殊的感觉，我也经常觉得难以帮其发展出富有治疗意义的与我的深层关系。可是Y对梦的表述透露了她的真实想法。首先，尽管患者在我向其提问时，常常表现得像一个努力给出正确答案的学生，她与我所形成的带有威权色彩的移情关系在这个梦里却实现了反转：是我在梦里问她，我可不可以接受采访。这当然说明，Y对我们之间目前的关系也是不满意的。其次，梦里她坐在旁边听我接受一个采访，这是一种自然发生的状态，这显示她希望我们的关系更亲近。深想一步的话，Y"坐在一旁"听我被采访，那么也很有可能，她的真实愿望是由她自己来采访我，问出她想要知道的关于我的问题的答案。患者想更多地了解我，却连在梦里都需要掩饰她自己对于和我建立联结的深切渴求：采访我的是别人而不是她自己。

对这个梦在头脑中的解析令我暗暗地唏嘘不已：在我和来访者都没发觉的时候，她实际上已对我形成了深刻的依恋。这里我明确地再表达一次我对人们心灵世界的看法：无法以言语说出复杂、深层的想法和感受，并不意味着一个人没有形成过复杂、深层的想法和感受，或至少其碎片；每个人的内心世界都是既有广度和深度，又富于情感逻辑的，只是这些内容未必全部位于我们的意识领域。就像Y，学生身份——意味着毕业了就会离开本地——的她为了防御和我分离会带来的被抛弃的感觉，在两年的咨询中都小心翼翼地绕开对情感的沉浸与解析，让对谈停留在日常琐事上，以此来避免对我产生依恋。可Y和我都是活生生的人，只要是人就必定有感受和情绪，从这个角度看，患者对我发生令其理智难以接受的依恋心理，实在是再自然不过的事情。

Y本人对这个梦的自由联想给我提供了更大的解读空间。她说：梦里的房间开着门，我觉得即使在那个房间里我也不感到安全，因为门开着，别人随时可以进来。我因此而想到，Y在叙述梦时所说的那个房间"不是你的办公室"，很像一个"弗洛伊德式的否认"[1]。正因她专门否认了那间屋子是我的办公场所，所以它极有可能就是我的会谈室。我因而体会到Y强烈的不安感：一百多次的面谈后，

---

[1] 参见 Freud, S. (1925). Negation. *Standard Edition*, vol. 19。弗洛伊德认为，说话者主动提出的否认很可能是其压抑机制的一部分：由于内心深处想的确实是某事，但该想法不被"自我"所接纳，于是在口头上先把它否认。

我为病人提供的分析性治疗空间仍然不能令其放松和感到安全，同时她也在幻想并担心，当她结束与我的工作后，她的位置随时会被下一个推门而入的新访客所取代。但梦中的房门也可能有别的含义，比如说，Y是否希望我永远为她留一扇开着的门？她是否暗暗地想过，将来再回到本地定居，再来叩开我办公室的门，就像我也曾悄悄地想象过几年后她重新回来与我继续进行谈话的场景一样？那个时刻，我心里浮起了联想，或者，一个比昂意义上的白日幻梦：我脑海中突然浮现了女儿婴儿期的一个画面。那时，胖柔常在刚睡醒或吃完奶时被我抱在膝头坐着，而我一手托着她的脖颈和后背，另一手则轻轻抚过她柔嫩的小脸蛋。胖柔不会说话，只能安静地坐着，愣怔地望着我，而我也不说话，只温柔地看着她。在我们中间，是母亲和孩子相处时无言的舒适和彼此的身心相连。

这个白日梦画面告诉我，我与Y的关系远比我之前以为的更深入：那个她所回避和防御的亲密联结，可能早就已经发生了，而且这一联结是双向的，在患者依恋我的同时，我亦对她产生了母亲对女儿般的感觉。以围绕着这个梦的咨询工作为契机，来访者终于能在我的帮助下开始谈论分离——这个她生命中最重要的议题。Y也终于能对我稍微减少一些保留，让我更加体会到她作为一个在情感荒漠里顽强长大的孩子，那么多难以言说的孤独和痛苦。

我常常在与来访者面对面坐着时,听见心里的声音:"把梦讲给我听吧,请让我读你的心!"尤其因为写作和阅读也是自己热爱的事情,我特别喜欢进入、感受并解读别人的幻想,我把读小说、看电影和在工作中倾听患者,都看作是领略其他人幻梦世界的方式。不过,尽管释梦是我工作中一个很重要的理解病人病理和潜意识动机及冲突的工具,它却不一定适用于所有的咨访关系。比如我觉得,在低频治疗的模式下,由于时长有限,很难容纳对梦的讨论和解释。就算硬要释梦,效果也未必好,因为咨询师对来访者的了解太有限了。以前有过一位一周见我一次的患者Z,也是似乎不太想让我了解他。有一回Z又因为不知说些什么而沉默了,我不但没想到应该帮他解决对交流的阻抗,反而问他:你最近做过什么梦吗?Z于是讲了一个梦中场景:他在集市上,看到有人拿着一只鸡笼。接下来,我和病人都陷入了沉默:Z还没进阶到能说出基于自己梦境的自由联想内容的程度,因为身为新手的我从没帮他发展出这项能力;而我也没法对这么个梦说出点什么——我根本还不太了解Z的个人历史。安静了一会儿,我开始了毫无头绪的探索,我记得自己问Z:你家有人属鸡吗?可患者虽为华裔,却并不熟悉我们的十二生肖,这个问题他没法回答。现在我已想不起是如何结束了这次徒劳的解梦,但仍记得自己感觉极为混乱和狼狈。后来我对

Z持续了近一年的"治疗",也是以来访者的不告而别结束的,想来是没起到什么疗效。

我在此描述的这些释梦过程不过是"初探",与最初创立了现代释梦方法的弗洛伊德的工作相比,根本是"小小巫见大巫"。老弗爷没有自己的分析师,作为精神分析领域的创始人,他只能分析自己的梦。在《梦的解析》一书所记录的自己及他人的两百多个梦里,有五十个左右是他在维也纳贝尔格巷居住时期所做。老弗爷写下他对这些梦的自由联想,把他本人的自我剖析展现给了我们。阅读"伊尔玛打针梦"和老弗爷在升教授时期所做的有关同事R以及叔父约瑟夫的梦时,我被这位思想巨匠丝毫不放过他自己的探究精神反复打动:老弗爷先把梦的内容写下来,然后,如同解剖一具尸体一样,以严谨的科学精神一句句地解析他所记录下的东西。尸体毋庸置疑是了无生气的物体,可是在弗洛伊德的联想、重述和分析当中,他的梦复活且变得生动了,像一个重又注满活力并关心周遭世界的人,这些梦变得与日常生活和内心世界都有了千丝万缕的关联。精神分析的祖师爷以其亲身示范清晰地表明:经由释梦而对潜意识进行探索,这条路没有尽头,永远可以向前推进一步,接着再进一步,然后又进一步……因为我们每个人的潜意识,或者说心灵,都像最深最深的大海,而梦（也包括白日幻想），则是它从不止息的涛声。写至此处我想到，我是精神分析候选人，我愿做海上的听涛者。

2023 年 6 月 10 日

精神分析的费用设置：分析师也需要被病人照顾，这是真的！

—— 初论精神分析的框架之三

训练分析师 Dr. A 夏天休假前，在结束最后一次会谈时，我跟她说"那我们就四周后再见吧"，因为接下来四个星期，是她老早就通知了我的她今年的休假日期。没想到她却说我们应是三周后见，我心想：这老太太一定是改变了自己的休假计划，但忘了告诉我。我一面提醒自己，三周后回来时一定得跟她谈谈"她忘了通知我"这件事，一面在自己的情绪里捕捉到一丝郁闷。精神分析是一个特别重视临床工作者获得充分身心休息的学科，每年夏天享受一个短则两三周，长则一两个月的假期，是许多分析师"自我照顾"的很重要的一部分。我觉得它有点像佛教传统里的"结夏安居"。与在夏日禁足修行的佛教行者们相似，平日里通过高频率面谈工作来深入病人内心世界的分析师们，常常也在炎热的夏天暂缓脚步，要么通过旅游来换个环境，得到放松，要么花时间把平时没空处理的诸如写作、探亲、家居手工等事宜集中起来做完。因此，在我一开始得知 Dr. A 的休假具体日期之后，和去年一样，我便也为自己安排了三个礼拜的"暑假"。很幸运，虽然分析师缩短了她的假期，但我预订的去欧洲旅游的行程正好仍在她要休假的这三周之内。所以我的休息计划不会因此而打乱，我的郁闷与此无关。

我的郁闷跟钱有很大的关系。因为分析师不在的每一个日子，都是我的钱包可以稍微休养生息一下的机会。本来，我早已在先前说好的七月末至八月下旬这四周的日历中做了标记，也算出了我能省下来的这一笔费用具体是什么数字。结果分析师的计划一变，我能节省的钱立即"缩水"了百分之二十五。Dr. A 的请假政策是经典精神分析的一个传统做法，也是她的费用设置的一部分：分析师休假期间自然也是我不需要去她办公室的"假期"，在这之外，我还能有每年三周的免费请假时间，请假次数再多的话，就需要为取消的面谈支付全额费用了。事实上我已经把自己的假期尽量向她靠拢，过去两年都根本没有用完每年的免费三周。我把分析师的做法跟我丈夫交流时，他开玩笑道："这么严格，你要小心，这难道不是某种'精神控制'么？"

丈夫的玩笑代表了普通大众对精神分析的误解，也包含着对我们经济状况的担忧。自从去年五月展开每周面谈四次的高频精神分析以来，训练分析的开销就成为我身上一个沉重的经济负担。与此相比，我在精神分析学会的学费和督导费，甚至我的办公室房租都不算什么。毫不夸张地说，我每个月花在训练分析上的金额，都足够我到波士顿城里的纽伯里街——高端品牌在波城最集中的地方——去买上一两件名牌货。可是现阶段的我不但购买不了任何名品，还须时不时跟丈夫互相提醒：我们得节衣缩食。因为我俩的收入放在一起，要养两个孩子，还要支持我的精神分析培训费用与办公室支出，每个月不是"月光"便是赤字，实在跟我们身边普遍经济优渥的华人朋友们不在一个水平线上。为了生存，必须得想办法节流。过去一年多，我时常望着我家厨房外面已经塌掉的阳台感叹：假如没有训练分析每个月"大出血"似的这一份支出，重建阳台的钱应该已经攒出来了吧！

然而事实上，分析师给我提供的已经是她的最低收费。像 Dr. A 这样非常资深的分析师，据我了解，收费标准一般是每小时 300~350 美元。这是我查到的学会里与其资历相当的分析师的费用，至于 Dr. A 本人到底收费几多，在我们谈论费用问题时，我甚至根本没有勇气问她，而是直接告诉了她我所能承受的金额上限。分析师当时讲了一点价，我马上答应了。虽然嘴上说"我先试试看吧"，但当时还没进入学会受训的我心里很清楚，每周好几百美元的分析费用，即使得伸手管父母要钱或是需要贷款，我也得咬牙先答应下来，因为这是接受精神分析训练的必经之路。我还知道，Dr. A 点头同意的价格对她来说已经特别优惠，分析费用之所以仍对我十分昂贵，主要是由于这件事需要高频进行。而且我在分析师还价之后同意，意味着从此我只需要付出这个额度的金钱来对她进行"回报"和"照顾"，除此以外，我不必为其提供任何价值，同时，这个金额亦是我对我们之间即将展开的分析性工作在经济方面的承诺。

钱也是我们第一年的"精神分析伦理"课专门讨论过的一个题目。我记得那天大家七嘴八舌地争论要如何做才能不为金钱奴役，才能始终把病人的福祉摆在第一位。课间，同学劳伦叹道："当一个候选人，真是过着每天都要为没钱而发愁的日子啊！"我加入她的感受说："怎么不是呢？！"那一霎间，我想起了夏天得回国度暑假或参加夏令营的我的孩子们，想起亟待整修的阳台和厨房，也想起了那些还欠着我钱就消失不见了的患者们。

自己独立执业的这近三年时间里，每年我都会因无法收回全部咨询费用而损失一到两千美元，这是真的。就是说，我像经营一个小生意一般运转着我自己的咨询室，也像所有小本经商的人一样，面临着不赚钱甚至亏本的可能性。春天报税时我发现，去年辛辛苦苦工作一整年所获得的税前净收入——已刨去经营成本——甚至比我2007年在普林斯顿大学当讲师的工资还低了两千多块。那可是十五年前呀，就算不考虑通货膨胀和这些年的物价上涨，我也比十五年前在美国开始第一份工作时挣得少。算出那个数字的时候我并不特别震惊，却难免伤心：身为一个上有老下有小的中年人，我没法以物质来回馈父母和满足子女，只能应付着最基本的日常支出。在这件事上，好友冯姐曾宽慰过我，她所说的"你已在做着这个世界上最奢侈的事了，精神分析是我们这个时代顶级的奢侈品"给我带来了许多安慰。所以说，我的奢侈品并不躺在纽伯里街名牌商店明亮的橱窗和华丽的展示架上，却位于我的分析师Dr. A略显空旷且十分朴素的会谈室里。它看不见也摸不着，因为它并不是可以传给女儿的一件厚实风衣或一根夺人眼球的精致项链，而是一些精神上的被滋养和自由的感觉，它的益处通过我的一言一行扩散到与我朝夕相对的丈夫和子女，我相信，它也间接地惠及了我的来访者们。

我在这里"哭穷"并不意味着我的生活朝不保夕，只是与大众对心理咨询师和精神分析师光鲜亮丽、物质优渥的生活的想象有很大差距罢了。丈夫作为大学教授的工资，不但应付了全家的绝大部分花销，也为我能在四十几岁的年龄上仍然过着这样一种颇有孤注一掷劲头，追求自身成长、寻求自利利他和自我奉献的生活提供了心理上的安定感。每当快要"弹尽粮绝"之际，我们也会及时地收到来自父母的经济援助。要是没有这样坚实的经济和情感后盾，我很难想象自己能够做到我目前所做的。

为什么要谈"钱"这个话题？有件事我至今记忆犹新。几年前在诊所工作时，某次周例会上，一位实习生提出了一个困扰到她的临床情境。她说："有个病人觉得，我希望他不要取消下周的面谈，是由于我不想损失一小时的咨询费，而不是我告知的为其利益考虑，需保持会谈的持续性。怎么办？我不想让来访者觉得我是为了钱而工作的。"我当时哑然失笑，却又很明白提问者的心态：这个实习生很年轻，估计也没有太多人生阅历，因此才想要在患者面前维持一个完全利他的助人者形象；可是我们工作的目标不但不是以这种脱离现实土壤的幻想来满足咨客，反而应是拉近他们与现实的距离。说真的，除了做慈善的大富豪，谁不是为了钱而工作的呢？至少，赚取金钱，挣得一份生活，是工作的重要目的之一吧？

也因此，祖师爷弗洛伊德很早就强调过，收费也是精神分析临床工作的重要元素，免费的治疗并不可取。排除外部因素不谈，从一个较为粗暴的角度说，患者愿意为精神分析或心理治疗这样的心灵工作所支付的费用，反映了他们对自身价值的看法。我遇到过收入颇丰的专业人士，他们自己的工作所获是我的好几倍甚至十几倍，却吝啬于十块、二十块的"挂号费"[1]，而这体现了在其眼中，他们自己价值几何。更有甚者，会在我提醒支付已经滞纳一段时间的"挂号费"时说一些带有贬低性的话给我听，比如发送费用时加上诸如"这就是对你非常重要的几十块钱"这样的附言。这种情况发生时，我总是很感慨。这些来访者或许是以锋利的言辞想要刺伤我，作为对我向其索要金钱的"报复"，然而其实被伤害到的并不是我而是他们自己，因为此般举动显示的，是他们对一个尚未完全从自我（self）当中分化出去的客体的攻击，也就是说，这是他们的自我攻击。这么说的依据是什么呢？试想一下，我们每个人在幼小之时，都是不需要对照护我们的父母回报以任何东西的，通过付费来换取服务，是成年人的行为。而在发生过婴幼期情感创伤的人们心里，对不需付出就能一直得到爱与关注的渴望会在临床过程中被激活，并因而影响每位咨客风格各异的对金钱以及向分析师缴纳费用时的态度。不需付出、一直获取，也是幼儿心中尚未分化出客体领域时的一个必经发展阶段。从这个角度看，那些拒绝按时付费，对我向其收费表示不满的病人，已经有意无意地把我等同于他们的早年亲密客体，他们的行为可能是在表

---

[1] 这里指美国医疗保险中规定病人就医时需要支付的小额费用。一般来说，由保险公司支付费用的大头，病人需付的小头叫作 copay。为了便于读者理解，这里采用了"挂号费"的说法。

达：我获得你的照顾难道不是应该的么，为什么你却管我要钱？

这么看就很清楚了，临床工作中的金钱问题不仅影响着分析师的生计，也携带着与病患的私人历史相关的许多信息。我还记得在与 Dr. K 咨询的时候，有一次忘了在月底给他带去支票，车开到半路了才想起来，想起的时候还伴随着这么一种感觉：啊，怎么我跟 Dr. K 谈话还是需要付费的呢？当天我就把这种感觉告诉了 Dr. K，并形容道："就好像是，我不付钱才理所应当。"

所以分析师在工作中肯定会谈论金钱。在初次面谈时与患者协商收费标准，在咨客拖欠不付时催缴费用，在物价膨胀及工作的市场环境发生变化时跟病人确定新的价格，都是一个精神分析师所需处理的问题，并且在所有如上场景中，都一定会伴随着与访客关于金钱话题的讨论。比如对拖欠咨询费的来访者说：我观察到最近两个月你的费用都晚付了，而以前没有过，这是为什么呢？同样是这个问题，我曾收到过五花八门的答案。与我工作时日尚短，易于关注浅表原因的病人会说："太抱歉了，我真的是事情很多，把这件事给忘了。"已经处于长程工作当中，一周多次面谈的患者则可能表达："我就是觉得不想付钱给你，所以一忙起来，自然就忘了付费。"也有些人会直接表达："谈话好像对我没啥帮助，我感觉物无所值，所以就拖着。"所有这些说法，都提供了继续深入理解访客的可能性。我曾碰到一个收到我的账单后，分好几次转账给我的患者，而且转账的金额比较奇怪。病人有医疗保险，虽然我收的"挂号费"都是整数，不带零头，他却给我发送有零有整的金额，而且要在一两周的时间里分好几次，才能把全部欠款付清。反复几回帮助对方探索之后我才明白，访客来自一个经济困难的移民家庭，虽然说着英语在美国长大，可他一点都不习惯于为自己花钱，患者付费给我的方式，就是其日常消费行为的模式。搞懂了这一点，我心里原本由于病人不能一次性付清月结费用而产生的不解和不愉快，霎时就变成了令我心脏抽动的共情与理解。访客也在我们充分讨论过其付费行为以后发生了改变，成了每个月最准时把全部咨询费转给我的来访者之一。

顺便说一下，本行业在美国通行的收费方法是一月一结，由分析师在每个月的月底向病人发送账单。我觉得这是比目前国内占主流的一次一收或提前收费更为合理的一种方式。提前收费，尤其是诸心理服务平台所要求的先付费、再预约的模式，很遗憾地取消了一些内涵丰富的临床情境发生的机会，那即是病人只有通过晚付费或忘了付等行为才能展现出的心理图景。月结的方式固然会使从业者承担一定程度的风险，就像我在前面所说的，每年都会碰到几次较新的来访者不付费就离开了的情况。不过既然是做与人打交道的工作，既然是像运转一个"小生意"一样运行自己的办公室，怎么可能一点经济风险都没有呢？以前我为这个问题而苦恼时，白胡子督导宽慰过我："我们干这行，最终能收回 80～90% 的费用，便已经很不错了。"而提前收费和一次一收最大的问题，在我看来，是可能频繁地对咨客造成"自恋损伤"。最近我在 IPA 的广播节目里听到一位意大利的知名精神分析家指出，由于当代文化对独立的极致推崇和网络生活对个体的隔绝，今天的精神分析师们所面对的访客，往往难以让自己去依恋和相信分析师[1]。而且据督导 Dr. J 告诉我，在生活中没有经济问题的患者们若是拖着不付费，很多时候都是因为精神分析关于费用的设置会提醒他们，他们是在通过金钱来"购买"分析师的关注与认同，而这会令一部分人感到羞耻。我们的社会里，仍然存在着相当程度的对心理问题和对寻求治疗的群体的误解与歧视，这使得在中国的语境下，患者因接受咨询或分析而付费的这一行为，需要承担的心理压力又远远大于西方社会里的临床来访者。所以，虽然精神分析认为面谈频率越高越好，但收费却不宜高频："我是花钱才买到的倾听和支持"，付费行为在某些咨客心里唤醒的

---

[1] 参见 Psychoanalysis On and Off the Couch 播客第 140 期："Are Patients Different Today? With Stefano Bolognini, MD."。

这种自卑感，一个月只发生一次就够了。在精神分析按月收费的设置当中，含藏着分析师对病人自尊心的保护与支持。

读者可能已经发现，此文标题中的"分析师也需要被病人照顾"只是一个噱头。我的意思实际上是说，付费是患者回报给分析师的共情和关注的唯一方式，不需要考虑其他。在真实的临床工作中，我们当然总会不由自主地考虑和谈到其他方面，例如，有的来访者会觉得需要在我面前做一个"模范生"，经常感到似乎我会为他们在每一个谈话小节当中的表现打分。也有人坦陈感觉到一种压力，好像必须得在谈话中取悦于我，让我开心。还有人因看到我的办公室里没摆几本书，而把我体验为一个不常阅读的坐井观天之人，并因此常拿他们所拥有的知识来在我面前显示优越感。凡此种种，均属访客的自然流露，也都十分正常。由于咨客们是付了费的消费者，更是因怀有种种困扰才来到我面前的求助者，所以他们有权把我体会为我在其内心世界里投射出的任何形象，不论这一形象是正面还是负面的。而我也不会由于他们把我体验为一个严苛的老师或一个雁过拔毛的"周扒皮"而感到生气，从这些年持续的学习及个人分析中所学到并内化的东西，基本上已可以使我坚守在一个临床工作者的观察、思考和分析性的位置上，与病人继续做探索性的工作。因为只要对方还在按时付费,我便知道,这是患者对我的照顾与回报,也是他们对于和我一起工作的十足信心。

2023 年 9 月 16 日及 30 日

探索人类的心灵这件事，永远也不会过时
——精神分析的治疗方式已经落伍了吗？

> 人在爱欲之中，独生独死，独去独来，苦乐自当，无有代者。善恶变化，追逐所生。道路不同，会见无期。
>
> ——《佛说大乘无量寿庄严清净平等觉经》

2017年的某个秋日，我在本镇健身中心的室内泳池游泳，一边游一边产生着一些散漫的思绪。身体的放松促进了心灵领域的自由联想，当时我不知不觉地进入了一个类似于冥想的状态，并经历了某种"顿悟"。游着的时候我突然想到，在人的一生中，一定存在着三个普遍性的创伤时刻。按照这些创伤时刻发生的大致时间顺序，它们是：一、当一个人意识到他/她的父母并非自己理想中的父母时；二、当一个人发现他/她这辈子都无法与自己的"真爱"在一起时（"真爱"通常是一种主观感受，并且这个对象也可能随着时间而改变）；三、当一个人觉察到他/她

似乎永远不能变成他/她一直想成为的那个自己时。

这个观点当然不是生发于偶然，它源于我自己的人生经验和对他人的观察、体会。比如说，在对父母的理想化破灭过后，我又花了许多年的时间，将被我内化为心灵客体——也即我心灵的一部分——的"内心的父母"和实际生活中具有平凡人种种优缺点的真实父母区分开，并持续地在婚姻生活和接受精神分析的过程中改进内心客体的质量。而我也早已明白，世界上从不存在完美的父母，生而为人的我们总会在某些时刻，因发觉真实的父母与理想父母尚有差距——甚至距离遥远——而承受创伤般的打击。这样一个人生节点，其实亦是心灵成长的契机：接受我们生身父母的本来面目，和接纳所有令我们或哀或痛的人生真相一样，代表着内心世界的趋于成熟。第二点可以在几乎每一部中日韩"纯爱"影视剧中得到印证。例如，诞生于1995年的日本电影《情书》曾被多次翻拍，是因为在东亚文化中，一个人的初恋经常是非常重要的，也常常被认为是他们的"真爱"，此番主题最能在观众心里唤起共鸣。可是我们得注意到，这种感知与所谓的"客观事实"不一定有关；生活中有时会见到，即使某些人已经获得了美满的亲密关系，他们仍然怀念过去的某一任"真爱"对象，哪怕那些对象曾给自己造成过伤害。第三点则与人们对自我价值的追求相关。声光信号极度汹涌、枝蔓丛生绵延的当代生活，使自我实现变得困难重重，因为我们太容易被各种新事物分心了。就像我从小就立志要当作家，但后来发现，得先靠一份稳定的收入来养活自己。进入临床工作后，我又在精神分析领域找到了自己想追求的对人心的理解和治愈，为了成为分析师我尚需比别人多上好几年学——从2018年在过去的学校入学算起，已经五年多了，但依然不知何时能结业。所以我什么时候才能有时间把脑海里涌动的词句，把在我心里生动地活过的人物和故事都写出来呢？无法游刃有余地在"精神分析培训＋临床工作"与"阅读＋写作"这两桩事业之间获得一种平衡与满足，是过去好几年让我觉得我还没成为那个"理想的自己"的最主要原因。幸运的是，随着训练分析日复一日地仍在进行，这个困扰对我的影响正在变得越来越小。

在提出并简述了人生三个普遍性的创伤时刻之后，我想提醒读者留意上述三种创伤里所蕴含的丧失感和孤独特质。在长大成人、日趋成熟的人生旅程当中，我们每个人都会先后经历对理想父母希望的幻灭，对"真爱"想望的泡沫破灭，以及对自我的沉重失望。在这些极度痛苦却无法避免的"觉醒"时刻，每个人都是孤独的，我们只能以个人化的方式去独自经历并承受它们。在意识到"丧失"的时候，我们心里永远失去了小时候在我们心目中无所不能的父母形象，我们发现自己在心灵懵懂时便已与此生至爱失之交臂，甚至，早已成年的我们极其无力地感到自己并非生活的主宰，那个理想的自我只在白日梦里还残余一点影子。经过了种种丧失之痛以后，仍留下来必须面对生活本身的，唯有我们自己而已。

去年春天，在一位"法鼓山"师姐的提醒下，我终于诵读了大乘佛教"净土五经"之一的《无量寿经》。在此经的第三十三品，我读到了这样几句话："人在爱欲之中，独生独死，独去独来，苦乐自当，无有代者。善恶变化，追逐所生。道路不同，会见无期。"这流丽的文辞表达着特别真实、肃杀的意思，令我心有所思并因感伤而泣不成声。假若在每个人的人生之旅中，我们确实都是"独生独死，独去独来"，且因"道路不同"，因不得不一次次地失去我们所爱的客体或求之不得的自我而终将与他们"会见无期"，那么人生的意义是什么？为什么，所有人都必须孤独地走过这些剧痛的创伤时刻而无法避免它们的发生？

回答"是什么"和"为什么"并不是我写这篇文章的目的，试图为这样的问题寻找答案，会让我感到要站在生活之外去对它加以思考和判断，然而在我现有的人生中，我曾太久地站在生活以外。面对真相常常是令人痛苦的，但我的精神分析历程已经教会了我，发现和面对真相是通往心灵自由的必经之路。如果一次又一次地承受丧失之痛本来就是人生的一部分呢？如果孤独地走过那些心灵剧痛的时刻便是生活的代价呢？白胡子督导对我说过的"生而为人就意味着不断经历内心的冲突"，我一直记在心里，而且我还要加上自己的体验和理解，把这句话变成：生而为人意味着不断地经历丧失感和内心的冲突。

实际上有许多精神分析家已经提出过这样的看法了。一个世纪前，奥托·兰克[1]已在《出生的创伤》一书里提出，"出生"过程里包含的与母体的分离以及可能发生的物理挤压与损伤，导致了我们所有人最初的创伤和焦虑，这也是人们后来生活中一切焦虑的蓝本。还有一些理论家提倡考虑患者作为胎儿时的生活质量，例如母亲的孕期抑郁对孩子造成的影响。这些自然是精神分析师在工作时有可能考量的方面，但我的看法是，不管子宫时期还是出生的过程，都是我们无法在意识层面回忆起来的，相关内容只能作为一种推论，出现于分析师所捕捉到的来访者的潜意识内容里。但我在前面提出的三种普遍性的创伤，则是可以清清楚楚地为人们所感知的，尽管每个人或许会用不尽相同的语言去概括和讲述它们。

2017年秋天的泳池里，我想及人一生中"三个普遍性

---

[1] 奥托·兰克（Otto Rank, 1884—1939），奥地利裔美国精神分析家。《出生的创伤》德文原版 *Das Trauma der Geburt* 于1924年问世。

创伤"的那一时刻，后来经常会带着它最初的冥想气质于我心里重现，使我一遍遍地感叹人性的脆弱和坚韧：我们每一个人，或许都没法从来到世界上时的"出生创伤"及这三种常见的创伤中逃脱；我们走在各自的人生路上，孤独地穿越这些创伤所带来的情感风暴——有些人成功了，但更多的人可能要一辈子带着心灵的遗憾与缺口继续活着。后来我逐渐意识到，这三个创伤性的人生节点分别对应了一个人的早期客体关系，狭义上的亲密关系，以及个体与自身的关系，也因此，这三个创伤全部是"关系创伤"。我在前文中所描绘的"丧失之痛"，是这些关系未能如愿，发生了问题所引致的。那么怎么办呢？精神分析对这个问题的解决之道便是"关系"，回到一个如早期客体关系那般重要的关系里去，以便把问题修通。这也是为什么在临床治疗领域，理论家们从来不认为"自我疗愈"是可行的，而精神分析文献里，则有特别大量的对如何促发正面移情、如何建立良性咨访关系的论述。近几十年来，在治疗过程里强调人际互动质量和主体间交互作用的流派在精神分析领域占据主流，亦可成为这个答案的注脚。

尽管咨访关系这么重要，它却是临床工作中特别难以拿捏的一个东西。由于关系创伤的普遍性，以及每个人小时候并不具备合理地保护自己情感空间的能力，今天的患者们走进会谈室时，大多已曾在无数场无声埋进内心世界的情感风暴里伤痕累累。所以，人们基本上都在心里"武装"着对亲密性的防御和对分析师的难以信任，就仿佛给自己套上了一层厚厚的硬壳。来访者们踏进我办公室的行为本身，向我诉说着他们对被倾听和理解、对信赖另一个人的渴望，但他们每常陷入的状态却是"我今天不知道有什么可说的""要不然你让我早点走吧"，或以一些精神分析术语来回避掉他们对坐在房间里的另一人——也就是我——的依恋：出于对可能被我拒绝发生联结的恐惧（这样的恐惧往往发源自过去的创伤），这部分患者选择在情感领域先拒绝了向我走近或开放一点。在这样的情形下艰难工作，帮病人消融他们对我所代表的"他人"的恐惧和拒斥，自然是我身为心理治疗师的常见工作内容。

我曾感觉某位访客的叙事总是较为表面且潦草，通过问一些试验性的问题，我发出过许多有关进入对方情感世界的请求，但对话仍然"沉不下去"。当我把这种感受与来访者分享时，她说："我很期待做精神分析式的治疗，一直在等着你什么时候告诉我开始自由联想呢。"在访客的想象里，临床过程应该有个固定流程，比如我会发出指令，今天该自由联想了，下一次又告诉她，你对我产生移情了，等等。这一程式化甚至机械化的想象呈现了患者过去人际经验的贫瘠：除非把我放在一个发号施令的权威者位置上，她不知该如何与我相处。了解了这点，我对访客作为一个在"情感剥夺"环境里长大的孩子的感受又加深了一些。

以前我向一位每次都有聊不完的话的患者提出,我们或许可以考虑增加谈话频率,没想到在对方心里引发了很大的震荡。可是他没有在面谈中告诉我,仅以决绝的行动表达了出来。接下来的一周,病人没出现,我却收到了他寄的信。信中说,我的提议让他感觉到了被强迫,为了避免正在到来的咨访关系的破裂,为了避免关系破裂的原因被我归结在他身上,他要提前一步,主动结束与我的咨询。这位访客所"预感"到会在我们之间发生的事,是很久以前曾发生在他身上的:被自己所相信、爱恋的母亲背叛并指责。面对这个病人的"指控"并不是一件令人舒服的事,因为我一点要强迫他的意思也没有,在这里,我充其量是一个工具,被咨客当成了他母亲的幻影。不过我马上就想到,这是一位年长的患者,具有漫长的治疗史,在他初次开始心理咨询之后的许多年我才出生。想及此事使我感慨万分:当患者走入人生第一个治疗师的会谈室时,他的心灵会是处于一个多么混乱、原始并剧烈疼痛的状态呢?而几十年来几乎从未间断的谈话治疗,好像并没使其发展出与他人建立一定程度信任的能力;他依旧在不同的咨询师之间不断辗转。病人是由于感觉被上一个咨询师指责才来到我这里的,在感到将要被我强迫而增加会谈频率后，他不愿与我一起对这种感觉进行解析和工作，反之，信里透露，他要奔向下一任心理治疗师了。也就是说，为了避免我对他的"抛弃"，患者选择了提前离去。假如我的这些理解都正确，那么访客于人生早年所承受的在情感世界被母亲永远遗弃的这一创伤，又该是对他造成了多么巨大的毁灭性影响！大到我没法想象，也已经不能用我的心去尝试度量。

在我们之中，有些人的痛苦是其他个体无法轻易想象和测度的。而我觉得，只要人类的心灵痛苦还在，只要"净土五经"之一《阿弥陀经》里所描绘的极乐世界还未实现，只要哪怕尚有一个人还经受着心灵的折磨，精神分析就一定会继续存在。这也许可以解释为什么，上一段所讲的访客虽然对我以及其过去的所有治疗师都相当失望，他却会继续寻找他认为能疗愈自己的下一位咨询师：他很清楚，他痛苦的内心世界仍然需要被另一个人看到并照护。从宏观看，或许我们只不过是重复着在每个人身上都会发生的同样的一些创伤，大家创伤经验里的差别似乎只是程度的不同。但分析师的工作就是与一个又一个单独的人缓慢、持久地谈话，以期待成长的发生和心灵力量的增长。也让人生路上这些踽踽独行的受伤者懂得：你曾经孤独，不意味着你要永远孤独，你曾受过伤害，可创伤未必是生活的全部。

再说回我自己。前面我提到，目前在我生活中仍作为一个问题存在的，是我觉得尚未实现理想自我，但归功于高频精神分析，它并不强烈地困扰我了。那么未来与 Dr. A 结束工作时，我能够成为理想中的自己吗？我不想十分执着于这个问题，因为我能预见，在训练分析完结之时，我必然应该已经有了足够自由与灵活的心灵空间去容纳生活和生命的不完满。或者也有可能，到那时我已可以把写作者和分析师这两重身份都驾驭得游刃有余，但保不齐我又有了新的追求呢？万一我踌躇满志地想要从我对文学和人生的理解中发展出自己的治疗思路甚至临床理论呢？产生新的人生追求是非常有可能的，它一方面说明，"尚未实现自我"是人在感受界的常态：生命不止，对自我实现的寻求也绝不止息，这难道不是人类所特有的生命动力吗？另一方面，我认为人生的所有创伤体验中都蕴含着成长的机缘和空间，这一点是"疗愈"能发生的前提。"出生创伤"给了我们来到这个虽不完美却每天都能看到太阳升起的世界的机会，让我们得以在这里呼吸和感受一切能为我们所感知的事物；花香有时掩盖不了腐土的腥臭，可春日总会接续凛冬而来的。不理想的父母和糟糕的早期养育环境使我们初尝人生的艰难，但我们在这样的环境里毕竟也建立了最原始的理解及共情他人的能力。感情生活里的伤害与失败，也总要好过从未爱过和被爱的那种孤绝、冷冽——这个世界虽有太阳每日升起，但我们生而为人，是要到与他人的关系中才能感受到日光温度的，因为我们所需要的不仅是太阳下的温煦，更是人性的温度。

今年秋天我读到了《致敬弗洛伊德》这本随笔集。书中，美国意象派诗人 H.D. 以深情的笔触回忆了她于 1933 至 1934 年间接受精神分析时所见到的弗洛伊德，并铺陈了她在治疗及写作过程中所生发的自由联想内容。她对老弗爷深刻的理解与爱戴令我觉得，任何仅仅以"移情"一词去概括这种感情的企图都会是偏狭、浅薄的。H.D. 歌颂了弗洛伊德对人性的深沉之爱，并将老弗爷称为"灵魂的助产士"。不，她说，"他即是灵魂本身"[1]。在我读来，他们二人之间，是两个伟大灵魂的相遇，其间充满人性的温暖和接踵这温暖而来的理解与接纳。每每手捧此书，当我以目光穿行于女诗人柔暖的缓缓倾诉时，心里会生起一种令我极其感动的感觉：或许这个世界上只有一种人际关系，那便是一个人与另一人之间的关系。

2021 年初，我为自己刚刚开张的私人执业办公室做了一个简单的网站。为了使潜在来访者能一下子感受到我是个什么样的咨询师，我把一直萦绕在脑海里的一句话作

---

[1] 参见 H.D. (2012). *Tribute to Freud*, 2nd Ed., New Directions, p. 117。本书中文版已于 2023 年由广西师范大学出版社出版。

为横幅放在了个人网站最醒目的位置：心理治疗是一个人与另一人之间，人性的相遇。这句话第一次出现在我心里时，它的主语其实是精神分析，因为并非每一种咨询模式都这么强调人性在其中的作用。我尚未获得分析师资质，却又想让访客们通过这句简单的话来了解我的工作风格，便把它改成了现在的样子。

在中文互联网上时不时会见到一种论调，说"精神分析已经落伍了"。若是只把眼光放在对躺椅的使用、每周四至五次的高频面谈和细水长流的领悟与改变上，精神分析临床过程里洋溢的古典主义气息以及与我们时代精神相反的"慢"，确实早已不符合当代生活对效率的要求。可我觉得，只要人类的情感创伤仍然真真实实、结结实实地存在，只要我们还渴望让他人的人性与自己相遇并焕发奇迹，只要我们自己的内心世界里还有我们所不理解并需要深入探索的内容，精神分析这件事就绝对不会过时。我在这篇文章里所论及的人生三个普遍性的创伤时刻，不妨说，都是我们深切渴望与他人的人性相遇，希望能与他者相联通的时刻——有关自我实现的第三种创伤浮现时，亦是渴望与自身的人性相遇、渴望与自我相连通的时刻。时代洪流里，老旧的理论当然会被更贴合现时代的说法所取代，精神分析的理论和临床技术在过去一百多年里也已经更迭了许多次。但精神分析除了是一种有关人心的理论之外，更是一条实践之路：它关于临床工作者如何带着其全部的人性去接近和理解另一人的人性，如何以其自身被治愈过的、相对健康的心灵，去容纳并滋养另一个人的内心。

2023 年 10 月 21 日及 11 月 11 日

神啊，请多给我一点时间！
——精神分析候选人的日常生活

这星期我因生病而没能去精神分析学会上课，感到十分遗憾。因为这周四是一个新的小学期的开始，而作为二年级的候选人，这学期要上弗洛伊德思想的第一门专题课。出于在本辑第六篇手记里写到过的原因，老弗爷的"驱力理论"对我具有特殊的意义，我也深深着迷于通过其文字体现出来的，这位伟大思想者深邃且极富洞察力的心灵。可是突发的腰疼让我只能忍痛错过这门专题讨论课的第一堂。

新英格兰的冬日，天总是黑得很早。星期四傍晚躺在床上病休的时候，正是学会里每周一次的课堂开始时间，我发现又来到了大多数日子都凄风苦雨或风雪相挟的季节。去年冬天，每回在黑漆漆的天色里冒着雨雪出门，我总得暗自在心里给自己打气：加油啊，为了学习而吃这点苦，不算什么。可身体的规律仍然不受这个自我暗示左右，太忙太累的时候还是会生病。记得去年十二月我发烧没法去上课的那一次，班上另外两个同学也病倒了，我们五位候选人里，只去了凯瑟琳和约拿二人，当晚两门课的老师们就只好临时把那次的课给取消了。那天下午五点多，我吃过退烧药，难得地捧着 iPad 歪在床上看电影，一边不时收到同学群里的消息。得知第一堂课不上了，我问约拿："那你现在在哪儿？八点的'精神分析倾听'课还上吗？"约拿回的短信让我笑出了眼泪，他是这么说的："还在，楼里待着，有点儿期待，第二节课也被取消。"

叫我笑出声的是约拿身上的反差。在我们这一级的五位候选人当中，只有我和劳伦拿社工执照，私人执业便是我们全部的工作了。凯瑟琳和洛茜[1]都是有处方权的精神科大夫，约拿则是一位临床心理学家，他们仨在个人执业之外，尚有医院的职务。由于波士顿地区在全美医学界的特殊地位，城里"长木"（Longwood）医院集中区的每家机构把名字报出来，名声都是如雷贯耳的。而约拿便在其中最著名的一家医院的心理科担任治疗师和督导。在我眼中，他敦厚、专业，却又会不自觉地流露出容易害羞的特质。某次课间餐聚时，约拿向我们透露了他的"社恐"。其实我们几人每周都要一起相处长达四小时，所有的课又都是讨论课，我们一见面就是不停交流各自的观点，所以

---

[1] 洛茜即是本辑第五篇手记提到过的，在肿瘤医院与晚期癌症患者工作的那位同学。

一年多下来，每人都对彼此的人格类型和防御风格有所了解。约拿的"社恐"并不令我吃惊，但去年他那条短信使我看到的，是他缜密、严谨的思维方式中不经意间蹦出来的一个孩童的形象：这是个习惯于听话的孩子，他焦虑地等待着来自权威者（在这里是给我们上课的老师）的消息；他希望课被取消，或许他想赶紧回家多玩儿一会儿，可他不敢大声表达自己的愿望。

在汇聚到精神分析训练这条颇有挑战性的职业道路上时，有可能，我们都带着自己内心的孩子，我很清楚自己便是这样的。这一点，在凯瑟琳身上表现得更为明显。她是本地儿童医院的精神科医生，所有病人都是幼儿和青春期的孩子们。每逢凯瑟琳在课堂上做案例报告，我总会感叹："跟小孩儿工作实在太难了，不但要获得患者的信任，还得周旋于家长和学校之间。我很难想象其中甘苦，你真不容易！"凯瑟琳则会回上一句："这也是为了童年的我自己。"据她分享，她家共有四个孩子，父母都是注重事业的律师，她则由保姆带大。所以我常在凯瑟琳的案例报告里反复听到她的耐心与爱意：为了跟小朋友们"建交"，她需要研究、购买并学会孩子们的玩具和游戏；为了与这些情感流动被阻断的小小人类们进行沟通，她得日复一日地耐受他们的沉默甚至哭闹，一点点地帮对方习得表达情绪的词句。我想我能明白，当凯瑟琳对那些缺失了情感关注和滋养的儿童患者们灌注着她的真情，她也在做着她的父母没有对她做过的事情。已经不止一回了，她因儿童病患的父母们不由分说地强制停掉治疗而泪洒课堂。每当这时我都会想：独自一人时，凯瑟琳又已为这突然到来的分离，因为这些孩子们的人际创伤史上再添新伤，而流过多少泪呢？每当此时我也和凯瑟琳一起，体会着心脏剧痛的感觉并一遍遍地懂得：拥有一颗温柔善感的心，是成为精神分析师的必要条件。而且须接受，只要人类的心灵痛苦仍未穷尽，这颗心就会一次又一次地或微疼或剧烈抽痛。

第一学年里与我关系最亲密的同学劳伦，秋天开学前告诉我，她决定退学了。这件事带给我很大的冲击。我和劳伦因为同是社工，本来共同语言就比较多。再加上她的父亲是于二十世纪六十年代才移民美国的东欧人，来自当时的社会主义国家南斯拉夫，劳伦从小成长在贫困、混乱的环境里。这样的背景，让我觉得我和她之间有一种朴素的"阶级情感"。对劳伦来说，精神分析是她生命中的灯塔，我还记得初入学时，她曾一脸娇憨地对同学们说："我们都是精神分析学会的新生宝宝。"来学会受训之前，劳伦已有了多年被分析的体验。但特别事与愿违的是，开始了新的训练分析后，她越来越发觉在过去那段咨访关系里，她可能遭到了操纵甚至情感虐待，而那位需要负责任的分析师亦是学会的毕业生，以至于她无法再承受每周到学会来上课这件事。劳伦告诉我，即便离开了我们这些同学，她仍会继续在训练分析师的帮助下试图修复过去的情感创伤，并且她也将再申请去麻省的另一家训练机构接受精神分析培训。也就是说，劳伦的失望和打击源于我们所在的学会没能使其输出的每一位毕业生都尽善尽美，可她并没放弃对精神分析本身的希望。

由于舍不得劳伦离开，我曾努力想劝她再考虑回到我们这个集体中。在我看来，就连最成功的精神分析也不会塑造出完美的人，因为完美在我们的世界里绝不存在；人生的最优解，其实是接受生活的残缺，并持续生动地活着。既然劳伦这么喜欢她现在的训练分析师，而这位分析师多年前也是从我们精神分析学会毕业的，那为什么不让这个事实来多增加一点她对学会所提供的训练的信心呢？毕竟我们所在的精神分析学会是受 IPA 和美国精神分析协会双重认证的教育机构，离开这里无异于切断跟一个庞大的、世界范围内的分析师社群的联系。与此同时我也能够明白，劳伦也许是碰到了一个她现阶段绕不过去的"坎儿"，她所做出的一定是对目前的她来说最好的决定。殊途可以同归，她和我都依然走在成为精神分析师的路上，我们约定好要一直保持沟通。

劳伦退学的事说明，精神分析训练不是一帆风顺的过程，每个人都会遇到或这或那的挫折，我们需要耐受在成为精神分析师过程里的所有百转千回。而作为一个机构的精神分析学会自然也有它的许多缺点，比如说，它没法保证自己所培育的全部候选人在获得分析师认证时，都能具有理想化程度的临床水准和职业操守。就这一点，我亦曾与自己的训练分析师有过讨论。当时我抱怨感觉不公平，因为我很看重自己的训练，绝不是只想获得一纸证书而已；所以每周上课前，我都会让自己进行充足的准备，既包括做完规定的阅读任务，写下我的问题到课堂去提问，也包含身体上的准备，例如让自己小憩一会儿，以免晚上上课的时候犯困——我们的上课时间是每周四晚 5:30 到 9:30。可当见到有些候选人不但把脸埋在自己的笔记本电脑后面，不怎么发言，还会不停地打哈欠，我就会觉得：这不公平呀，因为等毕业的时候，我们会获得一模一样的证书，怎么看得出，谁比谁付出得更多或更少呢？我记得 Dr. A 回应我道："的确，你们的证书都是一样的，别人也不可能看出来谁从训练中学到了更多。不过，内心的收获本来就是难以衡量的，只有每个人自己知道。"那一刻我豁然觉得开朗了不少：对啊，我干吗要去想别人收获了多少呢，难道不应只关注我自己收获了什么，是否得到了我所希冀获得的自由感受、自在生活且把对心灵自由的渴望和追求灌输到患者内心去的能力吗？

在亲耳聆听英国分析家迈克尔·帕森斯的讲座一年多

以后，我又翻开了他的名作《亲历精神分析：从理论到体验》[1]。这本书的末尾是一篇谈论精神分析培训的长文，其中，帕森斯谈到，精神分析的本质有关弄清楚，是什么样的潜意识因素妨碍了一个人去"充分地生活"（我理解为，也即以解放了的内心去迎向生活）；而这样的内容是无法对病人以语言解释清楚的，它需要在临床过程里去被发现与体验。因此，候选人们必须先在训练分析当中去体会到这一攸关"精神分析是什么"的东西。帕森斯既直白又深刻地指出，假如候选人本身尚未体会到对前述"解放感"的需求，那他们就没办法内化精神分析的本质与意义。

帕森斯讲出了精神分析训练与其他各种职业教育之间最根本的一个差异：就前者而言，对技能的掌握是需要的，但并不占据统治地位，它最重要的方面，实际上在于促进个人心灵的成长与成熟。可能这也是为什么，又工作又上学又要照顾家庭的任务并没令我疲惫不堪，反而让我在这些事情之外，还能顾及阅读、写作、学二外、健身、娱乐等生活的其他方面。因为每当我在工作的间隙里，在礼拜四风雪呼啸的晚上跻身于车流，或冲向分析师、督导师的家或朝着精神分析学会猛赶，我经常想起：不论 Dr. A 还是我的督导 Dr. J，抑或给我讲课的老师们，他们全都关

---

[1] 参见 Parsons, M. (2014). *Living Psychoanalysis: From Theory to Experience*, Routledge. 本书第 241 页注释对帕森斯有所介绍。

注我的精神空间，特别乐于看到我朝着"充分生活"的目标更进一步，也一直在为我的心灵成长添砖加瓦并真挚地祝福着我。在这个意义上，虽然仍未实现心灵自由的终极目标，虽然过着拮据、辛劳的日子，我却早已得到了这个世界上最美好的祝愿，而且它来自那么多在探寻心灵自由的道路上比我走得早、走得远的人们。我觉得，这就是身为一个精神分析候选人的最大幸福。

这种深深的幸福感帮我消解了许多由具体困难所带来的压力。比如在前面的文章里我曾提到，身为搬来美国的第一代，我和丈夫在追求事业的同时又独自养育两个孩子，生活得相当不易。但好像我与丈夫，甚至我们全家，都把一份稳定、优渥的生活看作是次要的目标。这些我至亲至爱的人们不但理解我的人生追求，长期以来也以他们自己的方式支持着我。孩子和丈夫都已习惯了在每周四的晚上热一张披萨或点份麦当劳快餐当晚饭，当我在夜晚十点披一身冷空气回到家时，他们或许已发出熟睡的鼾声。而不去上课的日子里，每当我做完晚间家务后在沙发上落座，打开一本书或一篇专业论文开始阅读，丈夫已进入书房争取多工作一点，女儿胖柔安静地写着作业，最小的家庭成员胖丹也会在我身旁翻开他的童书，一般是《小屁孩日记》什么的。确实，这样的生活里缺乏大众所定义的休闲，但事实是，自从独立执业以来，在美国的公共假日之外，我每年都为自己安排7~8周的休假。充足的假期保证了我的休息，不过在不休假的时候，我得让自己能开足马力般地运转。

正常来说，我每周其实只工作三天，其中也穿插了与分析师面谈和见督导的时间。每礼拜四在去上课前的几小时，我需要见一次分析师，补漏读完当周的阅读材料，还得花四五十分钟小睡一下。每个星期五，既是我集中进行"自我照顾"的日子——因为去医院体检、复查，上瑜伽课和进行肩背按摩都安排在这一天——也是我有机会把尚未完成的德语作业集中做完的时间。礼拜六的每个上午则雷打不动，在过去两年里都由歌德学院的在线德语课所占据，吃完午饭后，要么参加线上的学术活动，要么就是坐在电脑前写作：这本书里的这些文章，尤其是"精神分析候选人手记"，基本上都是我在一个又一个周六下午于书桌前久坐而来的成果。礼拜天就是固定的"家务日"了，像买菜、洗衣服这些平时没空做的琐事都安排在每周日，而且我也会抽出时间尽量再锻炼和午睡一会儿，并给家人做一顿像样的晚餐。

所有这些事务之外，我抓紧一点一滴的时间来完成学会的每堂课布置下来的阅读任务。精神分析学会的训练分为三个组成部分：理论学习，训练分析，以及被督导的控制个案。通过上课来完成的理论学习，每年都有四个小学期，一共32周的时间。在此之余，每逢开学初、秋季和冬末还会各有一次学术讲座，所有这些内容加起来，在一年中就占去了35个星期。除了夏天的三个月暑假和像感恩节、圣诞节这样较隆重的节日外，学会是没有假期的。母亲最近问我，今年有没有可能回国团聚、过春节。她还不知道，在拿到分析师资格前，我应该没有回去吃团年饭的可能性（并且实际上，自2004年赴美留学开始，我还一次都没能回国过元旦或春节）。而学会的课程一周接一周地马不停蹄，每星期两堂课需要读完的篇章加起来，多则一两百页，少的时候也总有七八十页。

这般巨量的阅读要求最初是使我望而却步的。尽管我在美国获得了两个硕士学位，在英文环境中也生活了将近二十年，但以英文进行学术阅读对我来说一直不是很轻松。况且弗洛伊德的英译作品向来有着难读的"恶名"，在以前的精神分析学校上学的那几年，我便有这样的印象：为了理解老弗爷文中的一段话，我有时需要把它和它前面的那段话翻来覆去地看好几遍才行。也因此，我吸收老师们的建议为自己"装备"了诸如奥托·费尼谢尔[1]、乔纳森·李尔[2]等人解读弗洛伊德著作的书。但去年秋天我还

---

[1] 奥托·费尼谢尔（Otto Fenichel, 1897—1946），奥地利裔精神分析家，属于"第二代分析师"。
[2] 乔纳森·李尔（Jonathan Lear, 1948— ），美国当代哲学家和精神分析学者。

在上着学会培训项目的第一个小学期时，某个周四下午，突然收到一位老师的邮件，说前一周布置阅读作业时忘了提，今天这堂课还要讨论《梦的解析》里的一部分内容，让我们去上课前最好把它读完。我一看，一共是二十页的篇幅，我却只还有两小时就得出发去教室了。我来不及产生任何焦虑和不满，马上打开书开始读，恰好就在我所剩余的全部时间里看完了简述人们为何会梦见亲人亡故的这二十页内容，似乎没遇到任何困难。后来我发现，那一天是我对英语的阅读速度和理解力都加速提升的一个开始。又经过了一年多的高强度训练之后，现在的我已不会对任何精神分析文献犯怵了。

今年秋天开学时，我在社交媒介上感慨：以分钟来计算我所拥有的一点一滴的时间，与时间赛跑的日子又开始了。综合我以上所谈，"时间不够用"是我成为候选人后每天都有的感觉。我脑中回响着小时候看过的日剧里的主题音乐，经常在心里恳求着：神啊，请多给我一点时间[1]！不过实际上，理论学习和训练分析在我日程表里所占据的空间以及它们对我生活其他部分的"挤压"，远远不是我作为一个精神分析候选人所面临的最大困难。我在前文提到的精神分析训练的三个组成部分之中，最难的是做控制

---

[1] 这句话来自1998年的同名日剧，由金城武和深田恭子主演。

个案。本来我已认识到，我和同学们以病人的身份接受训练分析，是对内心世界和情感生活的一场淬炼，但几个月前开始着手了第一个高频分析个案后我才发觉，在临床精神分析的一对一关系中，承担分析师的角色比在躺椅上当一个被分析者仍是艰难得多了。当我自己成了高频治疗中那个坐在长沙发背后的客体，或者说"容器"，虽则时日尚短，我已发现，我需要极其努力地去拓展自己的内心空间，才有可能容纳和滋养患者的心灵世界。在这一过程里，在访客对我一点点袒露其真我的同时，我自己所有的早年人生创伤也不可避免地被一一打开：那些与作为关系里的"弱小者"有关的无力、无助甚至毫无希望的感觉，那些我以为被埋藏得很好的曾令我惊恸的黑暗体验，那些关于"生存还是毁灭"的孤独思考的时刻，全都再次向我涌来并将我包围。这种感受比我开头描述的因病卧床是更加艰巨的挑战，因为我不知道我能否成功地"突围"，而且我不能一个人冲出去，我有责任承托着患者，与之一起穿过我们关系里的所有情感风暴，在对方与我心灵空间的荒凉处都洒上希望的种子，洒进阳光。

有时候我觉得，做控制个案的过程或许就像一场"精神炼狱"。正如精神分析界的老话所说，成为精神分析师其实意味着，要忍耐常人所不能忍，并一直试图去理解常理所不能解的情状。我曾问自己的分析师 Dr. A："您说，做一个控制个案，为什么这么难？真的需要我把自己的全部情感创伤再经历一遍吗？"她告诉我："没错，所有的精神分析个案都是艰难的，在深入另一个人的内心生活时，我们必然会与自己的陈旧伤口重逢。"Dr. A 的话安慰了我，而作为她分析师身份的一个隐喻意义上的"孩子"，我听到的话语更像是："是的，孩子，这就是我们的职业生涯，也是我们的真实人生。"

精神分析训练的实质是什么？我个人现有的答案是，我内心的孩子为了"长大成人"，为了能够充分地生活，也为了能帮助他人实现其真实生活，而踏上了一场令人惊心动魄的心灵历险。但我不是一个人，我的身心盛满自弗洛伊德以来一代代精神分析先辈们的祝福。我将带着这份宝贵的祝愿，努力地在成为一个精神分析师的道路上走下去，哪怕脚步蹒跚。而且尽管我和同学们其实并未在入学之初宣过任何誓，我却时常听到一个类似希波克拉底誓词的声音在我耳边回响，它简洁有力、声声入耳：我发誓这一生，永远对心灵保持好奇，永远对人性保存敬畏，永远对生活保有热情！

2023 年 11 月 18 日、12 月 2 日及 9 日

一起写一部成长小说

——我与 Dr. A 的精神分析"游戏"

> 没有任何事物值得你以不捍卫自己和不面对自己是谁为代价去换取。
>
> ——科迪莉亚·施密特-海勒劳[1]

> 精神分析的本质是以爱治愈。
>
> ——西格蒙德·弗洛伊德[2]

刚刚过去的这周二，是我和训练分析师 Dr. A 的第三百零一回见面。由于 2021 年底的初次访谈不计入在我们

---

[1] 引自科迪莉亚·施密特-海勒劳（Cordelia Schmidt-Hellerau）《记忆之眼：一部纽约俄狄浦斯小说》（*Memory's Eyes: A New York Oedipus Novel*）。原文为：Nothing is worth not standing up for yourself and facing who you are. 引文是我的中译。

[2] 转引自布鲁诺·贝特尔海姆（Bruno Bettelheim）《弗洛伊德与人的灵魂》（*Freud and Man's Soul*）一书的扉页。据作者称，这句话来自弗洛伊德给荣格的一封信。原文为：Psychoanalysis is in essence a cure through love. 引文是我的中译。

的正式谈话次数当中，这周二其实是我们的第三百个谈话小时。生活中得知我被高频分析的朋友们大都问过我：一周谈话四回，你怎么可能拿出这么些时间？你为什么舍得每个月都花那么多钱？你老有话可说吗？把这本书读到这里的读者应该已经猜到我会怎么回答。是的，每周一到周四我因家庭、工作和学业的各项事务而必须以分钟为单位来精细地安排我所拥有的时光，可我仍然拿得出工夫每天去分析师的会谈室里躺下一会儿；我在经济上并不宽裕，但却愿意把钱花在建设和改善自己的心灵世界上；再说我真的总有话说——并且，我知道我还可以在分析师的帮助下继续说出更多的话。因为能被心灵形成语言并说出的部分，才是我们真正拥有过的人生，而我想充分地生活。就是说，三百个五十分钟的对话之后，我也没觉得把自己内心世界和真实生活中的全部内容都表达出来了。反之，礼拜二晚上独自进行这第三百次面谈的笔录时，我产生了"路漫漫其修远"的感觉。我也不知还需要跟 Dr. A 再见多少次面，才能拥有如如不动却静水深流般的自由心灵，但是我一点也不沮丧，反倒觉得藏在我与 Dr. A 前路上的种种不确定性和暂时不可知的因素非常令人兴奋。

我跟 Dr. A 的工作早在我进入精神分析学会受训前很久就开始了，我把它看作是踏上成为一个 IPA 认证精神分析师这一历程的第一步。那时我已与过去学校的分析师

Dr. K 和 Dr. H 各自进行过三年的低频治疗，也正处在从那所学校退学并重新规划临床事业的转折点上。我很清楚在跟 Dr. K 和 Dr. H 的咨询过程里，除了我在前面的文章里写到过的不如人意之处以外，还有一个共通的令我不甚满意的地方：他们二人都不是我所渴望成为的那种带有知识分子气的临床工作者。我一直向往着一种古典但或许已经过时的知性精神，比如老弗爷、拉康、奥格登或我喜爱的法国导演阿涅斯·瓦尔达作品里的那种自省、深思、严肃却又洋溢着对人性和世界的热爱与好奇的气质。在我的想象中，精神分析师不能仅仅是一个以精神分析理论为工具的临床工作者，他们还应当博闻强记，广泛涉猎哲学、文艺及历史、社会学等领域，且对人生和人性有足够深刻、独到的看法。只懂得临床工作里的东西，维度仍然太单一了，我不觉得只拥有临床知识和技能就足以使人捕捉、理解并承接患者在对话中呈现的全部内容。在对美国的精神分析领域还不甚了解的时候，我相当幼稚地把所有拥有精神分析师头衔的人都理想化为自己心目中知识分子的样子。我后来的经验已经证明了这种幻想是多么脱离实际。渐渐地我意识到，临床工作本身已特别消耗人，在此基础上能通过饮食、运动、休闲等活动来补充身心的耗能就挺不容易的了，若想如美国分析家奥格登（他在写出十几本精神分析著作之外，还出版了三部长篇小说）那样对文学和电影均保持着浓厚兴趣、笔耕不辍并著作等身，就非得极其刻苦和自律不可。

并非人人都有这样的自律与追求。过去，当我发觉 Dr. K 和 Dr. H 不是我心目中知识分子应有的样子时，我曾陷入巨大的失望。尽管我在职业和人生道路上的不同阶段都曾受到过他们的帮助，但他们没听说过我提及的任何一部欧洲艺术电影，也没有兴趣去了解它们；到后来我开始厌倦在提起一部名作之后不得不花费很多时间去描述情节。即便费这么大劲，也不保证能在对话中激发出什么，因为他们都是以临床技术为工作核心，在倾听时只关注移情和阻抗这两件事的分析师，似乎并不感到没观看或阅读过伯格曼、塔可夫斯基和王尔德的作品有什么问题。然而实际上，Dr. K 与 Dr. H 对文艺的缺乏兴趣，大大浇灭了我通过讲述自己的阅读和观影过程来让心灵世界显影的热情，也在咨访关系的后期令我开始怀疑他们的临床能力：一个分析师竟然对文学和电影全都不感兴趣，那他/她对人性怎么可能有深入的理解呢？所有的文艺作品不都是从人的意识和潜意识里涌出的创造物么？甚至有一次，当我很兴奋地告诉 Dr. H 我参加了一个拉康读书小组时，她毫无感情色彩地回应道："我对拉康在其著作中所使用的语言符号没兴趣，我觉得我们学校创始人的临床语言更切合工作实际。"那时我心中产生了问号：这是一位连法国大分析家拉康也"瞧不上"的分析师，我能信任她么？！因此，在寻找新的训练分析师时，我提醒自己：这次一定要找到一个具有知识分子气质的分析师。

最初，是亚马逊网站上 Dr. A 的数部英文和德文著作使我决定找她做训练分析。那几本书的主题告诉了我它们的作者是一位弗洛伊德派分析师，也体现了她对文学、美术与哲学的广博吸收。但我们之间的谈话绝不是掉书袋式的，我们各自的阅读和观影历史大部分也并不重合。例如说，接触过其作品的德语作家里，我最喜爱雷马克，而她推崇卡夫卡和罗伯特·瓦尔泽（这一点，分析师没有对我透露，而是我从她去年发表的一篇文章里读到的）。然而我可以感觉到，在我一遍遍讲述雷马克的小说《里斯本之夜》和《流亡曲》对我内心的冲击之时，Dr. A 拿她对她自己所热爱作品的感受，体会到了我以言语所传达及无法传达的意思。去年春天的"释梦"课上，我读到了奥格登的临床名篇《论谈话即为做梦》。在其中他娓娓讲述了一女一男两个案例。对前一个案例的重大进展是通过倾听和回应患者所谈南非作家库切的作品而发生的，而后者的突破点则出现在病人谈及刚刚看过的科恩兄弟电影《抚养亚利桑纳》之时——你没猜错，奥格登恰好对这些作品都很

---

1 参见 Ogden, T. (2008). *Rediscovering Psychoanalysis: Thinking and Dreaming, Learning and Forgetting.* Routledge。这里提到的篇目是 On Talking as Dreaming。

熟悉。虽然前一位访客的确是个文学学者，第二个来访者却连电影爱好者也未必是，这部影片不过是他偶然间看到的，可是通过这观看和谈论行为中的一系列偶然，奥格登发掘了患者移情感受中尚未以语言明确说出的内容。当时我想：像奥格登和 Dr. A 这样的分析师真不愧为业界楷模。我自己也越来越清楚，精神分析师广涉人文及社会科学领域，绝不是为了在患者面前卖弄学识或服务于知识群体，它的目的其实是帮自己增长对病人所述内容的敏感度，也让自己保持吸收新知的兴趣。如此，当咨客提及分析师从没听说过的东西时，我们便不会简单地"嗯""啊"过去，而是饱含好奇地邀请对方分享其所知，而这一点，跟邀请患者分享他们其他的任何想法和感受并无实质的不同，都是进入其潜意识世界的途径。

被哲学与文艺洗礼过的灵魂，必然是一个深广的灵魂，这是我过去始终期待治愈我的人所能具有的品质，也是我对我自己的期望。每每当我躺在训练分析师的会谈室里，我会想到，我和 Dr. A 是两个深深懂得文学——亦即文字书写——的伟大力量的人，但我们却坐在一起以口头表达来交流。这自然说明，精神分析谈话有文学阅读和写作无法取代的精准的治疗功能，或也不妨说，我们之间的对谈不论将被如何定义，它首先已是某种"口头创作"，在我与 Dr. A 的对话里被书写着的，是一部以我为主角的成长小说。

成长小说也称"教育小说",是欧洲启蒙运动时期于德国首先诞生的一种文学形式,它的德文名称是Bildungsroman。该体裁的首部作品即是大文豪歌德的名作《威廉·迈斯特的学习时代》。顾名思义,成长小说是以主人公的个人成长、成熟为主题的,故事开始时,它们的主角往往非常年轻。以精神分析的咨访关系来看,我会是诞生在Dr. A会谈室里的一个孩子,然后再由她抚养成人;未来当我结束训练分析时,亦仿如成年子女离家独立一般。这一过程,只能年复一年,经由我们的口头对话来实现,这不是创作一部成长小说又是什么呢(尤其当我们把小说的重点放在"说"字上,甚至回到我国古代的说书传统时)?我本人特别喜欢"精神分析的过程便是一起写一部成长小说"这个说法,它是一年前的某天我跟Dr. A谈话时,心里突然涌现的一个感受。这个感受里不但镌刻了我身为一个写作者对文学创作的执着追求,也显示着我愿意开放自己,去接受Dr. A对我的"抚育"和影响。

去年我在美国精神分析协会的会刊上读到Dr. A谈她自己阅读史的一篇短文,第一次听说了罗伯特·瓦尔泽,一位在二十世纪文学史上常被忽略的瑞士德语作家。出于好奇,我便找来他的小说和诗作阅读,并很快为其才华所折服。瓦尔泽以极有耐心的笔触描绘出的人物们，是无数个平凡、谦恭且暗流涌动的现代人人生的真实写照。他本人从未获得世俗意义上的成功，却背负"精神分裂"的诊断，孤独、执拗而平静地走完了七十八年的漫长人生。瓦尔泽对生活的忍耐（绝对的褒义词）使易于抱怨人生的我心生敬佩且深受鼓舞。我跟 Dr. A 提起阅读瓦尔泽的事，她很开心，让我看会谈室入口处挂着的一个镜框：原来我每次踏入这个房间时，都会经过一幅瓦尔泽手稿原件！

我总倾向于在文学和电影大师的行列里寻找能滋养我心灵的人，这时便又发现了瓦尔泽这位"灵魂伴侣"般的作家。可这件事对我的震动不仅在此，我还发现，精神分析师对患者产生的影响可能是全方位的。过去我只预期，我大约会"内化"Dr. A 的专注、深入的专业风格及稳定、空旷的内心品质，却从没想到过，我甚至会去阅读她推崇的作家作品。我了解了 Dr. A 的文学趣味后去读瓦尔泽的文字，这件事固然是真实可感地发生了，但又有多少来自这位分析师的影响是在潜移默化中发生的，是只有我的潜意识才捕捉到的呢？这一点令我对身为分析师的责任有了更充分的认识：正因为临床工作者身心领域的一切内容都有机会被访客所发觉并习得，我必须成为一个格外自律和清醒的人，才能为患者提供适宜的心灵养料。

成长小说里的"成长"二字也意味着分析师要与病人

一起，重历后者生命中的黑暗时刻。大概一年半以前，我在自由联想时看到了小时候刚去北京的一些片段。因是夏天，幼儿园不开门，在父母去工作时，为了安全，四岁的我便被反锁在父母单位宿舍唯一的房间里。那个房间虽有一扇后窗，却被后面的简易厨房给挡住了所有光线。所以被我回忆起来的，就只是一间黑洞洞的屋子和从房顶吊下来的一个昏黄的灯泡。那时候太过年幼，记忆也是缺失的，我根本想不起来自己当时是何种状态跟什么感觉。我也没有把这当作一桩奇闻异事来讲，毕竟在我们七零末八零初一代的中国人当中，有这样的幼年经历实在太普通不过了。可是自那以后，Dr. A 便常在我觉得风马牛不相及的时刻提起我的这段早期经验。比如有时我会诉说，我精力有限，总感到累得不行，于是一有机会我就睡午觉，睡得特别沉，没有任何梦，就好像沉入了一个黑洞里，也感觉像死过了一回。她会在这样的时刻评论道："或许就像你小时候被锁进那个房间，一开始你很害怕，后来你熟悉了，以至于黑暗令你感觉安慰。"然而我既想不起来四岁时的恐惧，也不觉得黑暗的空间如何能起到安抚效果。在很长的时间里，我都对分析师的这种说法不屑一顾，认为这仅仅是她的过度解读。后来有一天，Dr. A 又一次在我脑袋后面重复她这套说辞时，把我给烦透了，我心想：这老太太怎么对这件事没完没了啊！可就在那一刻，我眼前浮现了一帧画面，我看到在平时早已不被我忆起的那个狭窄、暗昧的房间里，有 Dr. A 站立的身影。那个时刻于我是温润的，仿佛被一股甘霖浇灭了我心里的怨怼，而且它立时变为了难以形容的感动：我自己此前竟从未察觉，分析师其实已进入那个黑暗的房间并与四岁的我待在一起很久了。

原来，仍于我内心存在的那个四岁儿童，她早已不必再感到孤独和被拘禁，因为她的孤独和幽禁感已被另一个人悲悯的双眼所看到。这个内心意象的意义远不止此。十几岁以来的人生里，我一直苦恼于缺乏精力跟体力，而我的心灵总是需要不停地与身体较劲。在一篇旧文里我曾写道：这一生我都"深深体会到，肉体是一座牢笼，它把我的心灵困在里面，把后者拉低到与其同等的高度"。大大小小的身体不适，持久的疲累以及不期然冒头的病痛，经常迫使我不得不延迟甚至放弃对生活的美好设想，大到一次远行、一个写作项目，小到一场电影、一餐美食，诸如此类吧。因而我从小就是个午睡者，早就习惯了让漫长的周末午睡来帮我驱除头痛和困乏的身体感受。在我对厚厚窗帘后面"昏天黑地"般的午睡的反复描述之中，Dr. A 先我一步，发现了黑暗且安静的空间对我的抚慰作用。然后她又通过时不时地提及我四岁时的经验，终于令我明白，我曾以为身为四十几岁中年人的我一有机会就躺倒入睡，是我的自主选择，也是我能重获精力的唯一方式，可事实未必如此。我会做出这样的选择，很可能是由于，沉入黑洞般的空间并感到自己在其中"死去"（即入睡），是四岁的我已经熟悉的感觉，也是一个幼弱孩童在应对黑暗带来的恐惧时所采取的自保措施；这里，以我现在成年人的眼光，我想说，死（也即沉入深眠）的感觉既是对无边暗昧的体验，也是对沉重黑暗充满着绝望的反抗。

四岁的我没有死掉，而是逐渐长成了今天拥有着丰富人生感受的我。那些沉入黑暗并在其中死去的感觉却似影子，多年来与我寸步不离，影响着我几乎每一天的日常生活；背负着这个担子以及它所带来的困乏乃至晕眩、恶心开启每日的人生，是我为"长大成人"所付出的代价。重历黑暗是必要的，它是真正的成长的前提，而面对真实的人生和自我，通常首先会让人感到痛苦。我的重历不像四岁时的首次体验那么痛苦，因为这一回，我的孤独已被 Dr. A 在那个房间里站立的身影所驱散。自上述时刻后又过了不少时日，继续经历了许多次面谈，我渐渐能够在本已满当当的时间表里又加入了更多体育锻炼的时间，神奇地变成了一个精力较为充沛的人：这时我知道我不是必须在黑暗中沉沦，而是可以选择更积极、更健康的休息和"充电"方式。我很清楚这是因我心中那个四岁的孩子，无须再背负着周遭一片黑暗的沉甸甸重量，她得以睁开紧闭的双眼去注视黑暗，并发现了另一人的无声陪伴。

我所描述的这一精神分析体验，实际上关于一个常常受到死本能吸引、活力被压抑的人，是如何在分析师的帮助下生长出新的、更多的生命力。它是语言无法完全形容出来的一个真实、放松且感人肺腑的心灵成长过程。而我把它写下来，作为我与 Dr. A 共同创作的成长小说的一个注脚。

2022 年 12 月，我做了这样一个梦，它包含四个场景：

1）我在一所学校的楼里跳跃着下楼梯，就像小时候跑着下楼梯几乎飞起来那样。突然有东西从我身上滚下来，摔在了楼道里，它是我曾有过的那个银色保温杯。它摔坏得很厉害，看样子没法修好。

2）我回到了高中的楼里，感觉是要到以前的教室去寻找什么东西。我走到了高二时的教室，打开门外储物柜的抽屉，看到了我想拿的物件，我就拿了。

3）我在路上走，要去见一个朋友。但我身上带着一个需要被修好的东西。我匆匆见了她后告别，然后沿着同一条路往回走。

4）路上碰到一个人，他说他可以帮我。于是我跟着这人走进一栋公寓楼。进了一套房子，发现是分析师家。她帮我想办法看怎么能把我带来的物件修好，但花了一个小时都不成。

多年来我都能感觉到，我的身心里除了那个四五岁的幼童以外，还一直住着一个十四五岁的少女。这个梦对我而言，很明显是这个青春期的孩子在表达她自己。她都说了什么呢？提取重点的话，我们看到这样的信息：她感觉到生活里或自己身上，有什么东西被伤害到甚至毁坏了，需要被修好，但分析师暂时还修不好它。"修不好"是来自死本能的声音，而执着地想要修它，未尝不是生命力的召唤。在梦里，我只给了 Dr. A 一小时去完成修理工作，现实中，我们却每周都拥有四个小时在一起的时光，那是很多很多时间。这个梦清晰地显示，我知道自己的心灵修复工作仍是一条漫漫长路。但是没有关系，成长本来就是我们每个人终其一生的功课。

过去半年多，分析师在我内心的形象又有了变化。她的院子里长着一株高大的鹅掌楸，当 Dr. A 休假时，我一般不问她要去哪儿，却会想象她就是这棵美丽且沉默的树，无论在什么天气里都深深扎根于泥土中，坚定而茂盛地站在那里，像是生命本身。尽管我对自己和他人的内心满怀好奇，我倒从不特别关心现实生活中别人的具体轨迹。比方说在分析师休假这件事上，我就很喜欢我为自己留出的幻想空间。后来我也觉得自己一周四次开车冲进分析师的院子后，好似并没走进她的会谈室，而是像一头稚嫩的树懒，蹦蹦跳跳地跃上一根粗壮的树枝，在茂密的枝叶和馥郁的花朵之间舒服地躺下休息。这个画面代表了Dr. A 向我开放她心灵的花园，用于我的休憩和成长，仿佛成长在轻松的休息间就能发生，仿佛这只树懒会在花和叶的掩映下做一个美梦。我不知道树懒会梦见什么，我想象的触角尚未触及那里，但我猜，或许它有着扣人心弦的内容，就像我的真实人生经验和我正努力写出的成长小说一样。所有这些，对我本人都具有宝贵的价值。

多年前，我把自己的第一部作品集命名为《后来的孩子》。后来在此是"晚来"之意，以此标题我事实上是在表达，书中所收均是不成熟的早期作品，而且，我感知得到自己内心的孩子，我仍看得见那颗幼小而希冀着长大成熟后美好生活的心灵。虽然我现在已是年逾不惑的中年人，但我不怕晚熟。我与 Dr. A 共同创作的这部成长小说，不妨也题作《后来的孩子》，它不会被发表出来，除了我为我们的精神分析过程所做的记录之外，它甚至不会形成完整的书写。不过，它会被镌刻在我的生命里，并以涟漪效应影响到我身边的人和我自己所有的来访者。

2024 年 2 月 3 日、10 日及 3 月 16 日

精神分析：一份可能的职业
——我得到了什么，失去了什么

> ……他知道一旦转过身，死亡的苍白面具就会从摇曳的烛光中凝视他，正是出于这个原因，他愈加强烈地感觉到自己皮肤下的温度，这暖意令他颤栗，并驱使他去寻求更多的温暖，只是为了温暖而不为其他的什么——
>
> ——雷马克《流亡曲》[1]（我对下面英译本文字的翻译）

> … he knew that if he turned around the pale mask of death would stare at him in the flickering light of the candle, and for this very reason he felt all the more strongly the warmth beneath his skin which made him shiver and led him to seek for warmth, only for warmth, and for nothing but warmth—
>
> ——E. M. Remarque, *Flotsam: A Novel*
> （Random House, 2013, p. 113）

---

[1] 此处中译标题从朱雯先生上海译文版旧译。该书新译本是上海人民出版社2023年所出《邻人之爱》。

在精神分析学会受训，一年要上八门讨论课，几乎每门课都由两位资深分析师共同带领，所以每年都能结识好多位老师。去年秋天"精神分析技术II"的第一堂课上，又是两个我从未聆听过其教诲的陌生老师出现在教室里，很自然地，他们邀请所有候选人进行自我介绍。可是我和同学们在第一年已把自己的个人历史和专业背景反复讲过八遍了，我不知道还能讲出什么新意来，也实在不想让同学被迫再听一遍诸如"我来自中国北京，除了治疗师以外还有作者、译者、母亲等角色身份"这类老调重弹了。所幸其中一位老师提议道："你们每人讲一个自己的人生故事吧，能体现出你们为什么走上精神分析这条职业道路的就行。"

不知怎的，我忆起本文题记里的句子，我最喜欢的德语作家雷马克小说《流亡曲》中的一段话，突然就有了自我介绍的灵感。这部小说是关于二战前夕犹太人在欧洲的悲惨生活，雷马克以温柔、宁静的笔触描绘了一群被自己的家园所放逐的德国犹太人，是如何在漫长得仿佛没有尽头的黑暗日子中想尽办法存活下来的。主人公之一的Kern流落他乡，目睹了一个孕妇在收容流亡者的旅店房间里死于难产，之后他与自己倾慕的年轻女孩儿一起站在夜晚的旅馆窗边。在一片不平静的宁静中，他意识到，他所向往的人世的温暖，也许只能到自己的皮肤之下去探求。雷马克的书里既刻画了邪恶年代中根植于世界本身的敌意，也不乏来自人性深处的温度。然而令我印象最牢固的，则是他所描写的这个关于孤独、关于人不得不向自身寻求温暖的时刻。

我在 2021 年春天读到了《流亡曲》这本书，并被我所引用的这句话深深打动。之后我一直思考这个问题：究竟，我能否在可感的意义上分担他人的痛苦，而他人又能否体会到我自己的？后来有一天，刚满六岁的胖丹在家把自己绊了一跤，我循着哭声走过去把他搂在怀里安慰。他哭得小脸红通通的，还用手指着自己的额头抽噎道："妈妈，我疼。"我轻轻揉着胖丹头上被地板磕到的地方，希望他会在母亲温暖的怀抱里感觉好受些。可是有一瞬间，我忽然对自己感到失望，因为我发现，无论我多么想在自己的躯体上唤起我宠爱的孩子正经历着的疼痛，以便分担他的痛苦，我都无法做到这一点。胖丹所经验到的疼痛发生在他的身体上，而我的身体是我的。我摸摸自己的额角，它一点也不疼。那时我也回想起《流亡曲》里的这段话。

上述生活片段过后，我时常回想起这一时刻并对自己发问：难道我亲爱的孩子在未来的人生路上也只能向他自己的皮肤下面去寻找可触、可感的温暖？如果这是生活的真相，那么身为母亲，我该如何尽我所能，在孩子们尚幼小时，往他们的身体和心灵当中去注入尽可能多的温度？作为一个尚在受训的精神分析候选人，我又该怎么样才能令我的患者们体验到我对他们的抱持与接纳？

去年秋天的那个周四傍晚，当我与学会的老师和同学们坐在教室里时，我的脑海中同时浮现出雷马克的句子，以及我把胖丹搂在怀里时自责的心情。那一刻我突然意识到，为何从小就自认"不喜欢与人打交道"的我自己，兜兜转转了几乎半生后，仍然选择了跟人打交道、助人成长的临床心理行业作为终身事业：我踏上精神分析的职业道路，是为了获得并且给出人性的温度；因为世间存在着的那广阔、深邃且坚韧的人性，一直在召唤我。因此轮到我介绍自己时，我分享了以上体会，令我感动的是，同学们及两位老师都给了我赞许的目光和掌声。

其实我不理解为什么在国内外的话语空间里，精神分析都会被看作一个冷冰冰的学科，从业者们也会由于更多地鼓励来访者表达，自己需惜字如金，而在影视作品里被刻画成冷漠的他者形象。在我看来，我们每个人的心灵成长都需要很多来自他人和外界的"人性之光"作为营养。以"自我的成熟与自由"为终极目标的精神分析治疗过程，怎么可能像聚光灯下的一场冰冷手术呢？它或许是针对病人内心世界的一场超大型"手术"，也因此，它需要由许多许多的人性温度来承托。

"人性的温度"到底是什么呢?《流亡曲》的年轻主人公 Kern 在黑暗的年代里收获了好多陌生人的帮助,他本人也从没放弃活下去的希望,在小说结尾,他身披日出迎向光明。这本书让我再次确立了一个一直以来的印象:人性的丰饶、韧劲、悲悯、深厚以及生生不息,便是它的温暖底色。所有人的人生都包含着不断临近的死亡的威胁,然而人性本身却是不朽的。作为一个经验丰富的阅读者,我曾为数不清的文学作品击节赞叹,但只有少数作家和作品被我视作"伟大",那些作家和作品都有一个共同点:他们的笔触没有停留在对人生苦难或阴暗面的展现及批判上,他们承认我们人生里的艰难、不幸、卑劣甚至猥琐,但同时也深情地歌颂人性中的温暖与美好。

七八岁时,我初次涉猎了英国作家奥斯卡·王尔德的作品。那本童话集是父亲带我去附近的新华书店,由我自己挑选的。于是我读到了王尔德的童话名篇,如《快乐王子》《夜莺与玫瑰》《自私的巨人》,等等。做了母亲之后,我反而特别犹豫要不要给孩子们讲这些令人悲伤的童话故事,因为后来我已懂得,王尔德的童话有关人生的真相,它们未必是写给太小的孩子的。不过我从没懊恼过,生活似乎让我过早地读到了这些篇目,并为之伤心、哭泣。在我的阅读生涯里,王尔德是第一位以其绝世才华向我展示了人世的孤冷真相和人性的温暖底色的作家。身为一座雕像的快乐王子难道不懂，他无法拯救所有受苦的人，而当他经由小燕子的帮忙将身上的宝石一一给出后，他也会被市民们目为"丑陋"并被他们抛弃？我觉得他懂，但他依然选择了付出一切去换取一丁点的不同。《夜莺与玫瑰》里那只把玫瑰的刺扎入胸口，竭力歌唱了好几个夜晚的夜莺难道不知道，再殷红如血的玫瑰也可能会不被珍视，可能会被那个男学生的心上人弃若敝屣？我觉得它心里也清楚得很，但它仍然选择牺牲自己的生命去成全男学生所向往的一场爱情。快乐王子和夜莺在这样的两个故事里并非只是一座雕像与一只小鸟，他们的形象和心灵境界都是对人及人心的深刻模拟。年轻的时候我曾以为，夜莺与王子身上闪耀的是神性，不过更多的人生历练逐渐使我明白，既然我们只能在人间谈论神性，那么神性便无非是人心的造物。快乐王子的雕像原本矗立在城市的制高点，那即是人性可能达到的高度。而当夜莺每一次把玫瑰的荆棘刺入得更深一点，它都在告诉我们：人性的深厚不可想象，无法度量。夜莺和快乐王子付出了生命的代价，但二者都获得了满足、平静以及人性的完满。

王尔德的童话故事是值得我用一生去反复阅读的人生寓言。它们早早便教给我一个透彻的道理：人生中的获得与失去，往往相互缠绕、相辅相成。《自私的巨人》这则故事以更直白的方式说明了这一点：原本自私的巨人学会了敞开花园、让孩子们进来玩耍，他既付出了爱心，也迎来衰老和死亡的结局。在我充溢着浪漫色彩的想象里，精神分析这个职业似乎就要求分析师们成为快乐王子和巨人这样的奉献者：经年累月的辛苦工作换来的，很可能仅是患者僵化人格的一点点松动，但哪怕只为了这么小的变化，我们也必须坚持不懈地努力。有时我感到，自己的内心世界在与某些访客的心灵交流过程里被冲撞得天翻地覆，甚至像童话里的夜莺一样，偶尔我也会"看见"自己的胸前伤口模糊、汩汩失血。可是人生至此，我毕竟已持续得到了太多太多的人性温暖，来自家人朋友、同行老师、关注我的读者们、热心网友、未曾得知姓名的陌生人……实在难以一一列举。所以我想要把这些热忱的温度通过我的工作再给出去，使我自己的患者受益于我曾在训练分析师的会谈室里及人生的其他角落收获到的人性之爱。

具体而言，当我行走在精神分析的职业道路上，我得到了什么，又失去了什么呢？我觉得我所获得和失去的东西都跟我对人性的观察与体验有关。此前的文章里我曾写到，我获取了倾听来访者秘密和内心声音的权利，我得以在许多资深分析师的指导下研习精神分析这门深入阐释人心的学科，我收到了一代代精神分析先驱和前辈对我的真挚祝福，此外，我还拥有了一份每天都让我激动、兴奋的职业，它为我的"工作人生"注满意义。一个我好像尚未见到其他同行提及的方面是，我的工作每天都在增长我对广袤人生的认识以及对丰饶人性的理解。比如说，在生活中，由于自身的性格弱点和降低情绪消耗的本能，我会远离那些看上去易怒、挑剔、多疑或善妒的人，而这份临床工作让我有机会真正走近带有这些表现的访客，使我慢慢能发现他们实际上深邃、美好但亦充满痛苦的内在。我总是会想到，这些患者穿越了不知多少场情感风暴，走过了不知多么广阔的情感荒原，才在艰难的人世安全存活了下来，才来到了我的办公室，并把我体验为他们人生经验当中为其所熟悉的角色。我所有的咨客以及未来将走进我会谈室的人们，不管对我说什么或做什么，都不过是为了让我看到他们心内那个孤独、恐惧且心灵成长被阻断的孩子。面对这样巨大的信任——尽管在很多时候，这个内容会以对我有负面感受和抱怨的形式表现出来——我只能以我全部身心里所累积并不断产生的人性之暖意来回应。

与我得到的东西相比，我失去的属实微不足道。为了在工作和家庭生活之外还能参加精神分析培训，我放弃了每天晚饭后那一两个小时的休闲时光。当同龄的朋友看综艺节目或辅导孩子做功课时，我得抓紧时间读专业书或论文。但是这根本不算什么，我相信怀抱着职业追求的同行绝对都是这样做的，因为精神分析是一个需要终身学习的职业。若说有过怎么样的"牺牲"，我能想起来的一点是，两年以来，我没有再在美国的一些公共假日休息过。为了让人们能把周末和节日连在一起过，美国的许多放假日都安排在星期一，每年都是不同的日期，而这些节日与我们中国的假期也并不重合。两年多前，有位国内的远程来访者因事取消了几次面谈，紧接着就是我这里的长周末，患者在此期间出现了身心方面的混乱感受，并引发了一系列后果。我发觉这是心理咨询的连贯性被破坏而造成的，为了帮访客建立起对连贯性和持续性的概念，我一方面与其探讨了面谈被其取消的深层原因，如内心对靠近一个客体以及让另一人靠近的恐惧感，另一方面，我意识到，我不可能期待国内的来访者去熟悉美国的节假日。我每一两个月都会发生一次的长周末小假期，虽然每次我都会事先提醒病人，但客观上则对访客咨询工作的连贯性造成了影响。从那时起，每当有这样的假日出现，尽管我不会去办公室工作（因为本地的患者也都放假了），却会在家中的书房与国内咨客连线进行远程谈话。还记得当时我闷闷不乐地询问白胡子督导："难道在与这个患者工作期间，我就一直不能享受这些长周末了么？"他严肃地告诉我："是的，这是我们这个职业的代价之一。"督导很清楚当时的我正在病中，可他并未因此而放松对我的要求，并且他又十分智慧地补上一句："在我们的职业生涯里，总会有一些病人需要我们投入更多的精力，而且每个病人在某些特定的阶段，也都会要求我们去投入比平时更多的关注。"

工作经验里唯一的一次对人性失望，也发生在两年前。2022年春天我因病进行了一个月的放射性治疗，在那四周里，我每个工作日都得跑去医院放射科接受几分钟的照射。仪器只有一台，但病人很多，所以我每天的治疗时间都不一样，全靠护士们提前一两天见缝插针地帮我安排好。生病和相关治疗并没使我停止工作，那一个月里，我常常是在见完一位访客后开车飞驰，奔向城里的医院，照射完毕后再回到办公室见下一位来访者。某天我的治疗排在大清早，不巧机器出了故障，时间被延误，等我结束照射后，我发现距离当天第一个咨询开始就只剩十几分钟了。我估摸着仍是来得及赶到办公室的，便马上往医院的停车场跑。一个护士在后面叫我："Jing，你去哪儿？今天还得见医生呢！"我这才想起在这次治疗之后，尚需与医生有一个阶段性的见面，好让医生检查放疗对我皮肤和生活各方面的影响。可是在我心中，我与病人约定好的时间大过一切，这时她应该已经在来我咨询室的路上了，而我的职业准则中，我不可能在面谈开始前的十分钟才去跟对方取消约会。况且也没法帮这位患者改约别的时间，因为我也不知我何时才能赶到办公室：谁知道为了见医生还得等多久，见面后又要谈多久呢？于是我扭头说："我必须得走了，见医生的事以后再说吧。"紧赶慢赶了一路，我跑进办公室的时候居然离面谈开始还剩一分钟，我还有时间喘口气。然而患者却没有出现。我又等了几分钟后给病人打去电话，对方在电话中仅仅以一副无所谓的口气告诉我，心理咨询的事被其忘在脑后了。

这件事刚发生时对我打击很大，我一度觉得：这是不是人性阴暗面的一次体现？是否访客的潜意识探知了我的生病与治疗，并因而唤起了内心深处的施虐倾向，通过不出席的方式来表达给我？当天恰好有一次督导时间。我向白胡子督导诉苦，他叹息道："在这种情况下，你当然应该重视你自己与医生的见面。"但他也没反对我的做法：他知道在那"千钧一发"的情形下，我遵从职业良心做出了我的选择。这件事没法提前预知，但它发生后，反倒恰好给了我一个机会，让我短暂地触及了尚未在患者的语言表达中浮现出来的施受虐内容（施受虐这一心理动力本来就存在于我们每个人的"本我"深处），使我能够把这一点印记在我的头脑中，以有助于我对访客的理解。而假如这个小插曲确实体现出了来访者的施虐倾向，那么它便也说明，这位患者一定也曾是别人施虐的受害者，因为受虐和施虐总是一体两面，在同一人身上成双出现的，正如过度的自尊无非是自卑的体现。

又是多次面谈之后，这个病人慢慢吐露了她小时候遭受霸凌却无法从家长和老师处得到帮助的痛苦童年遭遇，她感觉到极其孤独无援。这般的内心经验在她几十年的人生里不断重复着，形成了牢固的"他人如深渊般不可测，而且人生虚无"的感受。更多的思考后，我渐渐可以把前述事件看作是访客对我的一次"非言语表达"：通过叫我体会到某种程度的"受虐"感，病人让我经历了已在其人生中反复发生过多次的痛苦体验；她当然不是想要"虐待"病中的我（甚至在意识层面上，她完全不知道我身在病中），而只是希望我能懂得她暂时无法以语言说出的，深深埋藏在心灵里的痛苦——患者期待着我的理解和帮助，她绝不是想要伤害我或故意挑衅。哪怕是在这样一个会令人不悦的临床情境里，也含藏着对另一人体温的渴望，那是来自患者内心，对人性温度的呼唤。我最初的不悦，体现的竟是来访者在发出求助信号时，只能采取特别笨拙的方式，因为她尚没掌握更成熟的求助方式。我所疑惑的"人性阴暗面"，也只不过是因为，那个区域，或许是人性的温度从未到达之处：这位访客因其弥漫一生的无助感而不可能对我——一个与她对话了没多久的咨询师——立竿见影般地产生信任。

上个月我读了巴基斯坦裔美国分析师艾莎·阿巴西（Aisha Abbasi）的书《当平静的气氛破裂——外部干扰及精神分析技术》[1]，令我生出万千感慨。作者从巴基斯坦拉合尔的女子医学院毕业后，26岁才移民美国并在密歇根精神分析学院接受了精神分析训练。该书所有章节谈论的都是临床空间里的意外事件，比如来访者早早进入等待室里"占位"的戏剧化场景，病人听说分析师的孩子是跨性别者并由此生发出种种幻想，出于某些原因持续把咨询过程录音录了两年半的患者，分析师不得不把手机借给访客并被对方查看了里面的所有照片和视频，"911"事件后分析师的穆斯林身份对患者移情的影响……我哭哭笑笑地把整本书读完：笑是感慨我毕竟还没经历过这么多这么具有挑战性的场面，心里长舒一口气；哭则是由于我知道，作者的举重若轻背后，每一行字都包含了摧心折肝的多年精神分析训练，以及夸父追日般锲而不舍的自我追问。这本书实际上是关于"如何精神分析性地思考"的一部范本。

"你要精神分析性地思考"，每个精神分析候选人都时常会从督导那里领受这样的耳提面命。可究竟怎样做才是"精神分析性地思考"呢？我目前的答案是，带着全身心的人性之爱（也即我们中文语境里的"慈悲"）去看待每

---

[1] Abbasi, A. (2014). *The Rupture of Serenity: External Intrusions and Psychoanalytic Technique*. Routledge.

一个临床情境，这就是临床精神分析所训练并要求它的从业者做到的。阿巴西这本书的标题里有"精神分析技术"的字样，然而书中没有深谈"技术"，我看到的是一次又一次，这位少数族裔女分析师在患者强烈质疑的眼光里和颇具攻击性的言行面前，不断拓宽她心胸的涵容能量，继续加深对他们的理解。在极端主义全球泛滥的阴影下，有些病人会把阿巴西及她在他们眼里所表征的伊斯兰世界视作邪恶、残忍、非人，但她依然坚持"精神分析性地思考"，坚持以人性的暖意去揣度访客这样做背后的，来自他们人生创痛的驱力。如此过程里，或许她也曾像我体会到的那样，有过受伤失血的时刻，可她对此只字未提。如何增加内心涵容和深化与病人的关系，的确都是精神分析的技术，但已经再清楚不过的是，所有的精神分析技术都源于人性的最深处。

在本辑第五篇手记里，我提到过美国记者珍妮特·马尔科姆的纪实作品《精神分析：不可能的职业》。写作至此时，我才终于发现，精神分析当然是一份可能的职业，人性的温度使精神分析职业成为可能，亦使病人通过精神分析的临床过程受益成为可能。以人性温度为工作的基石，永不放弃理解对方一言一心一行的可能性，使我们的患者不必像雷马克的小说人物或从前的他们自己一样，只能到自己的皮肤下去寻求温暖。怀着这样的信念，我便可以在某些血泪交流的时刻也坚信自己的人性之暖和患者的人世之伤。在那些时刻，我要张开我暂时血肉模糊却仍有温度的心胸，去抱紧对方心灵里那个既孤独又惊恐的孩童，绝不轻易放手。

2024 年 3 月 23 日、30 日及 4 月 7 日

图书在版编目（ＣＩＰ）数据

心的表达 / 李沁云著. -- 上海：上海文艺出版社，2025（2025.10重印）. --（艺文志）. -- ISBN 978-7-5321-9160-4

Ⅰ. B841-53

中国国家版本馆CIP数据核字第2024AP9579号

发 行 人：毕　胜
策划编辑：肖海鸥
责任编辑：肖海鸥　叶梦瑶
封面设计：张　卉/ halo-pages.com
内文制作：常　亭

书　　名：心的表达
作　　者：李沁云
出　　版：上海世纪出版集团　上海文艺出版社
地　　址：上海市闵行区号景路159弄A座2楼 201101
发　　行：上海文艺出版社发行中心
　　　　　上海市闵行区号景路159弄A座2楼206室 201101 www.ewen.co
印　　刷：苏州市越洋印刷有限公司
开　　本：1240×890　1/32
印　　张：11.125
插　　页：2
字　　数：196,000
印　　数：11,301-14,400册
印　　次：2025年1月第1版 2025年10月第4次印刷
ＩＳＢＮ：978-7-5321-9160-4/B.119
定　　价：59.00元
告 读 者：如发现本书有质量问题请与印刷厂质量科联系　T:0512-68180628